全国技工院校"十二五"系列规划教材

Flash 动画制作实例教程
（任务驱动模式）

主　编　王秀娟

副主编　李　丽　唐　焱

参　编　梁　毅　李晶晶　李　庆

　　　　曲莹莹　崔子燕　迟　蓉

机械工业出版社

Flash CS4 是目前应用广泛、功能强大的动画制作软件。本书结合计算机教学的特点，采用"任务驱动"型编写模式，将知识要点贯穿到不同的任务中，使理论讲解与任务实施相结合，提高了学生对知识的理解和应用能力。

本书详细地介绍了 Flash 操作的基本方法及实例应用，主要内容包括：中文版 Flash CS4 基础，Flash CS4 基本图形的绘制，创建和编辑文本，编辑对象，基本动画制作，元件、实例和库的使用，创建交互式动画，动画中的音频应用，发布与导出 Flash 影片。

本书可供技工院校、职业技术学校、职业高中的师生使用，也可作为各类计算机专业学生的自学和培训教材。

图书在版编目（CIP）数据

Flash 动画制作实例教程. 任务驱动模式/王秀娟主编. —北京：机械工业出版社，2012.2

全国技工院校"十二五"系列规划教材

ISBN 978-7-111-36951-6

Ⅰ.①F…　Ⅱ.①王…　Ⅲ.①动画制作软件，Flash—技工学校—教材　Ⅳ.①TP391.41

中国版本图书馆 CIP 数据核字（2011）第 276920 号

机械工业出版社（北京市百万庄大街22号　邮政编码100037）

策划编辑：郎　峰　责任编辑：郎　峰　张振勇

版式设计：石　冉　责任校对：刘怡丹

封面设计：张　静　责任印制：杨　曦

保定市中画美凯印刷有限公司印刷

2012 年 2 月第 1 版第 1 次印刷

184mm×260mm · 18.5 印张 · 457 千字

0001—3000 册

标准书号：ISBN 978-7-111-36951-6

定价：35.00 元

序

　　"十二五"期间，加速转变生产方式，调整产业结构，将是我国国民经济和社会发展的重中之重。而要完成这种转变和调整，就必须有一大批高素质的技能型人才作为后盾。根据《国家中长期人才发展规划纲要（2010—2020年）》的要求，至2020年，我国高技能人才占技能劳动者的比例将由2008年的24.4%上升到28%（目前一些经济发达国家的这个比例已达到40%）。可以预见，作为高技能人才培养重要组成部分的高级技工教育，在未来的10年必将会迎来一个高速发展的黄金期。近几年来，各职业院校都在积极开展高级工培养的试点工作，并取得了较好的效果。但由于起步较晚，课程体系、教学模式都还有待完善与提高，教材建设也相对滞后，至今还没有一套适合高级技工教育快速发展需要的成体系、高质量的教材。即使一些专业（工种）有高级工教材也不是很完善，或是内容陈旧、实用性不强，或是形式单一、无法突出高技能人才培养的特色，更没有形成合理的体系。因此，开发一套体系完整、特色鲜明、适合理论实践一体化教学、反映企业最新技术与工艺的高级工教材，就成为高级技工教育亟待解决的课题。

　　鉴于高级技工教材短缺的现状，机械工业出版社与中国机械工业教育协会从2010年10月开始，组织相关人员，采用走访、问卷调查、座谈等方式，对全国有代表性的机电行业企业、部分省市的职业院校进行了历时6个月的深入调研。对目前企业对高级工的知识、技能要求，各学校高级工教育教学现状、教学和课程改革情况以及对教材的需求等有了比较清晰的认识。在此基础上，他们紧紧依托行业优势，以为企业输送满足其岗位需求的合格人才为最终目标，组织了行业和技能教育方面的专家精心规划了教材书目，对编写内容、编写模式等进行了深入探讨，形成了本系列教材的基本编写框架。为保证教材的编写质量、编写队伍的专业性和权威性，2011年5月，他们面向全国技工院校公开征稿，共收到来自全国22个省（直辖市）的110多所学校的600多份申报材料。组织专家对作者及教材编写大纲进行了严格评审，决定首批启动编写机械加工制造类专业、电工电子类专业、汽车检测与维修专业、计算机技术相关专业教材以及部分公共基础课教材等，共计80余种。

　　本套教材的编写指导思想明确，坚持以达到国家职业技能鉴定标准和就业能力为目标，以各专业的工作内容为主线，以工作任务为引领，由浅入深，循序渐进，精简理论，突出核心技能与实操能力，使理论与实践融为一体，充分体现"教、学、做合一"的教学思想，致力于构建符合当前教学改革方向的，以培养应用型、技术型、创新型人才为目标的教材体系。

　　本套教材重点突出了如下三个特色：一是"新"字当头，即体系新、模式新、内容新。

体系新是把教材以学科体系为主转变为以专业技术体系为主；模式新是把教材传统章节模式转变为以工作过程的项目为主；内容新是教材充分反映了新材料、新工艺、新技术、新方法。二是注重科学性。教材从体系、模式到内容符合教学规律，符合国内外制造技术水平实际情况。在具体任务和实例的选取上，突出先进性、实用性和典型性，便于组织教学，以提高学生的学习效率。三是体现普适性。由于当前高级工生源既有中职毕业生，又有高中生，各自学制也不同，还要考虑到在职人群，教材内容安排上尽量照顾到了不同的求学者，适用面比较广泛。

此外，本套教材还配备了电子教学课件，以及相应的习题集，实验、实习教程，现场操作视频等，初步实现教材的立体化。

我相信，这套教材的编辑出版，对深化职业技术教育改革，提高高级工培养的质量，都会起到积极的作用。在此，我谨向各位作者和所在单位及为这套教材出力的学者表示衷心的感谢。

原机械工业部教育司副司长

中国机械工业教育协会高级顾问

郭广发

2011 年 12 月

前　言

　　根据全国技工院校"十二五"规划教材建设工作会议就"国家目前对技能型人才需求的状况，教材改革的想法与建议"的意见，我们组织了多位长期从事 Flash 教学的专家与教师，针对我国职业教育中高级工教育的特点和实际，编写了这本教材。

　　本书以任务驱动为导向，突出理论讲解与任务实施相结合的特点，每个模块都有明确的任务描述、任务分析、相关知识、任务实施等内容，通过任务制作过程，让学生由浅入深，由易到难地学习需要掌握的知识。本书中有基础操作：文件操作、图形绘制与编辑、文本创建与编辑、基本动画制作等知识及相关任务；也有技能提升操作：元件实例和库的使用、创建交互式动画、动画中的音频应用、发布与导出 Flash 影片等知识及相关任务。同时在每个模块后均增加了技能操作练习，将每个模块的技能操作练习连接起来就是一个完整的综合动画实例，此实例综合了本书所有的操作技能，让学生综合掌握 Flash 动画的实际应用。

　　本书的创作团队有着严谨的学术作风、扎实的理论基础和丰富的专业知识，有多年从事计算机的教学经验，了解 Flash 教学的特点和模式。参与本书编写和制作的人员有王秀娟、李丽、唐焱、梁毅、李晶晶、李庆、曲莹莹、崔子燕、迟蓉等。

　　由于作者自身水平有限，加之时间仓促，书中难免有疏漏和不足之处，希望读者批评指正。如果您有任何意见和建议，可以通过发送电子邮件的方式（wjx0418542@163.com）向我们提出，我们会尽快予以答复。

编　者

目 录

模块一 中文版Flash CS4基础

1

Flash CS4 是一种创作工具，设计人员和开发人员可使用它来创建各种动画、视音频内容、教学课件和应用程序等。可以通过添加图片、声音、视频和特殊效果，构建内容丰富的Flash 作品。

Flash CS4 是矢量图形编辑和动画创作的专业软件。它是制作网络交互动画最优秀的工具，具有强大的多媒体编辑功能，并可直接生成主页代码。Flash CS4 通过使用矢量图形和流式播放技术克服了目前网络传输速度慢的缺点。由于其功能强大受到越来越多用户的喜爱。

任务一 创建"夜空中的繁星"动画文件

> **知识目标**：了解 Flash CS4 界面组成及文件操作。
>
> **技能目标**：熟练掌握 Flash CS4 文件的新建、保存、打开、关闭和退出等操作技能。

任务描述

本项任务是创建"夜空中的繁星"动画文件。通过学习 Flash 的启动、新建、保存、关闭及退出等操作来完成此项任务。

任务分析

本项任务首先需要启动 Flash 窗口，通过不同的方法新建文档，然后保存文件到指定的目录，关闭当前的文档，最后退出 Flash 窗口，通过此项任务的学习能够灵活掌握 Flash 创建文件的方法。

相关知识

启动 Flash CS4 后，打开 Flash CS4 工作界面，各部分组成如图 1-1 所示。

Flash CS4 的工作界面主要包括菜单栏、工具面板、各浮动面板、场景和"时间轴"面板等。

1. 菜单栏

Flash CS4 的菜单栏中提供了 11 个菜单，分别用于进行文件、编辑、视图、插入和修改等各种操作。

2. 工具面板

在 Flash CS4 工作界面的右侧是进行各种操作的工具面板和浮动面板，在系统默认的情

图 1-1　Flash CS4 工作界面

况下，工具面板为开启状态，用户使用它们可以绘制或编辑图形。工具面板包括工具区、颜色区和选项区三部分，如图 1-2 所示。在默认情况下，工具面板位于工作界面的右侧，如果需要，可以将其拖动到屏幕的其他位置，或者使其浮动于工作界面上。

3. "时间轴"面板

"时间轴"面板又称为"时间轴"窗口，是 Flash CS4 进行动画创作和内容编排的主要场所。"时间轴"面板一般位于场景下方，可以按功能的不同将"时间轴"面板分为左右两部分，即图层控制区和时间轴控制区，如图 1-3 所示。

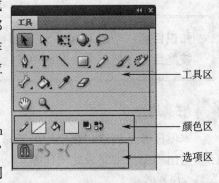

图 1-2　工具面板

"时间轴"面板也可以通过鼠标拖曳的方法，移动到工作界面的其他位置，或者从窗口中独立出来，成为浮动面板。如果不想显示"时间轴"面板，可以单击"窗口"→"时间轴"菜单命令将其关闭。

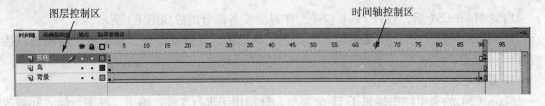

图 1-3　"时间轴"面板

4. 场景

场景是指在当前编辑窗口中，用于编辑动画内容的整个区域，如图 1-4 所示。一个

Flash 动画可以由多个场景组成。Flash 播放多个场景动画时，按场景中的次序一个接一个地进行播放。

图 1-4　场景

用户可以在整个场景中绘制或编辑图形，但是最终动画仅显示场景白色（默认情况下为白色，也可以修改动画的属性将其改为其他颜色）区域中的内容，而这个区域就是舞台。舞台之外的灰色区域称为工作区，在播放动画时不显示此区域。

在场景编辑窗口中，除了舞台和工作区外，还有如下几项内容：

1）场景名：图 1-4 中的"场景 1"就是当前场景的名称。

2）"编辑场景"按钮：单击该按钮将弹出一个下拉菜单，从中可以选择要跳转到的场景。

3）"编辑元件"按钮：单击该按钮，在弹出的下拉菜单中选择某选项，可以直接进入某元件的编辑窗口，关于此方面的内容将在后面的模块中进行介绍。

4）显示比例：单击该下拉列表框，将弹出一个下拉列表，从中可以选择当前舞台的显示比例，也可以在此列表框中直接输入数值来改变舞台的显示比例。

5. "属性"面板

"属性"面板默认情况下位于工作界面的右侧，在以前的 Flash 版本中，"属性"面板一般位于工作界面的下方，而在 Flash CS4 中，该面板被集中到了浮动面板中。这样不仅可以避免过多独立的面板影响舞台和场景的操作，也可以方便用户使用各种面板和工具。

当选中舞台中的某个对象后，"属性"面板就会显示该对象的各项属性，用户可以直接通过修改"属性"面板中的各项参数改变该对象的属性。如果未选中任何对象，"属性"面板会显示当前动画文件的属性，如图 1-5 所示。

图 1-5　"属性"面板

6. 其他面板

在工作界面的右侧显示的是各个浮动面板的组合，如图 1-6 所示。这些面板用来设置不能在"属性"面板中设置的功能。用户可以将某个面板从面板组合中拖出来，也可以将独立的面板添加到面板组合中。要进行某项操作，可以将某个面板展开，还可以将暂时不用的面板折叠或关闭。

在面板组合的右上角有一个展开/折叠图标，当面板组合处于展开状态时，此图标显示为两个向右的三角形 ▶▶ ，而面板组合折叠后，此图标变为两个向左的三角形 ◀◀ 。为了方便操作多个面板，可以单击该图标暂时将面板组合折叠为如图 1-7 所示的状态，当用到某个面板时单击该面板名称将其单独展开即可。

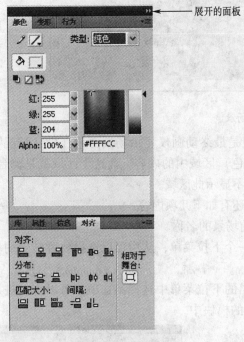

展开的面板

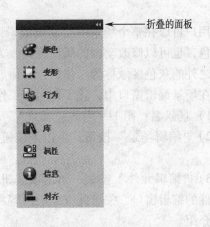

折叠的面板

图1-6 浮动面板组合　　　　　　　　　　　图1-7 折叠后的面板组合

 提示　　　当对已保存的动画文件进行了一些操作，关闭文件时出现一个如图 1-8 所示的对话框。单击了"否"按钮，再次打开该动画文件时，文件修改部分的内容没有了。如果想要保存修改后的内容，可在对话框中单击"是"按钮。

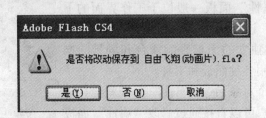

图1-8 是否保存对话框

任务实施

1. 启动 Flash

要想制作动画，首先需要启动 Flash，双击桌面上的"Flash CS4"图标，即可启动 Flash，打开 Flash 窗口。

 提示　单击"开始"→"程序"→"Adobe Flash CS4"或打开一个已存在的 Flash 文档，也可启动 Flash。

2. 新建 Flash 文件

Flash CS4 提供了多种新建动画文件的方法，当启动 Flash 窗口后，就打开了开始页，如图 1-9 所示。使用开始页新建动画文件，用户可以通过单击"新建"和"从模板创建"两个项目组中的相应选项来创建新动画文件。

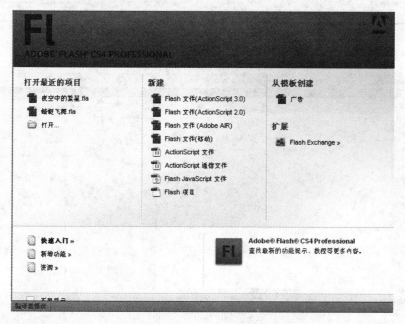

图 1-9　Flash 的开始页

 提示　也可采用下面方法新建 Flash 文件：单击"文件"→"新建"菜单命令（或"Ctrl + N"快捷键），打开"新建文档"对话框，如图 1-10 所示，对话框中提供了"常规"和"模板"两个选项卡，选择需要的类型，单击"确定"按钮即可。

这里选择"Flash 文件（ActionScript 3.0）"，单击"确定"按钮，进入 Flash CS4 工作界面，如图 1-11 所示。编辑动画内容即可（内容的编辑将在下一个任务中讲述）。

3. 保存 Flash 文件

动画制作完毕后，可以采用：单击"文件"→"保存"菜单命令（或〈Ctrl + S〉快捷

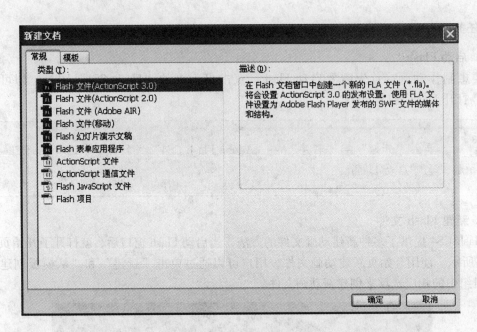

图 1-10　"新建文档"对话框

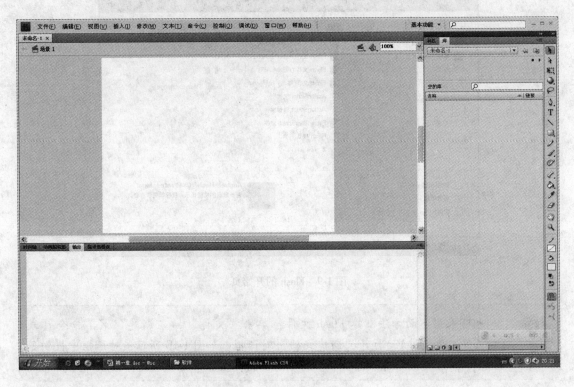

图 1-11　Flash CS4 工作界面

键）保存，如果是第一次保存，将打开"另存为"对话框，选择文件保存位置，这里选择
D 盘，文件类型选择"Flash CS4 文档"，文件名输入"夜空中的繁星"，单击"保存"按钮
即可，如图 1-12 所示。

图 1-12 "另存为"对话框

 提示 如果已进行了一次保存操作后，当再次单击"保存"操作时，不会再出现"另存为"对话框，而是将第一次保存后没有保存的内容进行保存，如果想将文件保存在不同位置或换名保存，可单击"文件"→"另存为"菜单命令，这时会再一次打开"另存为"对话框。

4. 关闭 Flash 文件

当前动画文件已保存，并不需要再进行其他操作了，可以将当前动画文件关闭，单击"文件"→"关闭"菜单命令（或单击该文档选项卡右侧的"关闭"按钮 ☒）。

5. 退出 Flash

当不需要再制作动画的时候，就可以将 Flash 窗口关闭，单击"文件"→"退出"菜单命令（或按"Alt＋F4"快捷键或单击窗口标题栏右侧的"关闭"按钮 ☒）。

扩展知识

1. Flash 动画的应用领域

目前 Flash 被广泛应用于网页设计、网页广告、网络动画、多媒体教学课件、游戏设计、企业介绍、产品展示和电子相册等领域。

（1）网页设计 为达到一定的视觉冲击力，很多企业网站往往在进入主页前播放一段使用 Flash 制作的欢迎页（也称为引导页）。此外，很多网站的 Logo（站标，网站的标志）和 Banner（网页横幅广告）都是 Flash 动画。

当需要制作一些交互功能较强的网站时，例如制作某些调查类网站，可以使用 Flash 制作整个网站，这样互动性更强。

（2）网页广告　因为传输的关系，网页上的广告需要具有短小精悍、表现力强的特点，而 Flash 动画正好可以满足这些要求。现在打开任何一个网站的网页，都会发现一些动感时尚的 Flash 网页广告。

（3）网络动画　许多网友都喜欢把自己制作的 Flash 音乐动画、Flash 电影动画传输到网上供其他网友欣赏，实际上正是因为这些网络动画的流行，使 Flash 在网上形成了一种文化。

（4）多媒体教学课件　相对于其他软件制作的课件，Flash 课件具有体积小，表现力强的特点。在制作实验演示或多媒体教学光盘时，Flash 动画得到了大量的使用。

（5）游戏　使用 Flash 的动作脚本功能可以制作一些有趣的在线小游戏，如看图识字游戏、贪吃蛇游戏、棋牌类游戏等。因为 Flash 游戏具有储存容量小的优点，一些手机厂商已在手机中嵌入 Flash 游戏。

2. Flash 动画的特点

Flash 动画之所以被广泛应用，是与其自身的特点密不可分的。

（1）从动画组成来看　Flash 动画主要由矢量图形组成，矢量图形具有储存容量小，并且在缩放时不会失真的优点。这就使得 Flash 动画具有储存容量小，而且在缩放播放窗口时不会影响画面的清晰度的特点。

（2）从动画发布来看　在导出 Flash 动画的过程中，程序会压缩、优化动画组成元素（例如位图图像、音乐和视频等），这就进一步减小了动画的储存容量，使其更加方便在网上传输。

（3）从动画播放来看　发布后的"swf"动画影片具有"流"媒体的特点，在网上可以边下载边播放，而不像"gif"动画那样要把整个文件下载完了才能播放。

（4）从交互性来看　可以通过为 Flash 动画添加动作脚本使其具有交互性，从而让观众成为动画的一部分，这一点是传统动画无法比拟的。

（5）从制作手法来看　Flash 动画的制作比较简单，一个爱好者只要掌握一定的软件知识，拥有一台计算机，一套软件就可以制作出 Flash 动画。

（6）从制作成本来看　用 Flash 软件制作动画可以大幅度降低制作成本。同时，在制作时间上也比传统动画大大缩短。

任务二　制作"夜空中的繁星"动画

知识目标：掌握素材的导入、属性的设置、元件的制作及图形的缩放等操作方法。
技能目标：熟练掌握属性设置、元件制作、图形缩放等操作在实例中的应用技能。

📖 任务描述

"晴朗的夜空中闪烁着许多繁星，它们不时地向我们眨着眼睛，多美的夜色啊！"本项任务就是制作美丽的夜景中闪烁着繁星的动画效果，如图 1-13 所示。

✏️ 任务分析

本项任务首先导入图片素材，用"属性"面板调整图片大小，然后制作"星星"元件，

图 1-13　动画效果图

最后将元件拖放到场景中，制作繁星的效果。

相关知识

在制作一个动画时，为了能够对编辑的对象精确定位，在 Flash CS4 中提供了网格、标尺和辅助线等辅助工具，合理利用它们将起到事半功倍的效果。

1. 设置网格

为了更好地进行创作，有时需要显示工作区域网格。单击"视图"→"网格"→"显示网格"菜单命令即可显示网格，如图 1-14 所示。用户可以设置网格的颜色、显示/隐藏、对齐、网格单元的尺寸以及捕捉网格的难易程度，具体操作步骤如下：

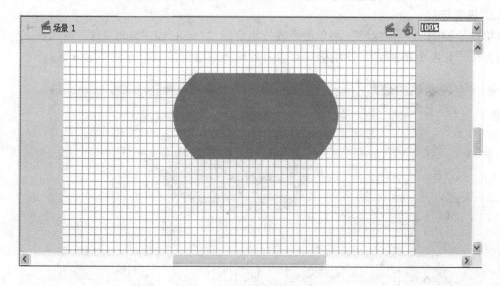

图 1-14　显示工作区域网格

1）单击"视图"→"网格"→"编辑网格"菜单命令，打开"网格"对话框，如图1-15所示。

2）要改变网格线的颜色，可以单击"颜色" ■，打开调色板，从中选择所需要的颜色。

3）勾选"显示网格"复选框可以显示网格，取消勾选，则可以隐藏网格。

4）勾选"在对象上方显示"复选框，网格将显示在对象上方；勾选"贴紧至网格"

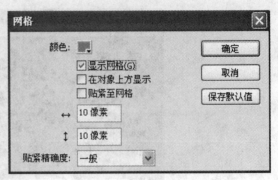

图1-15　"网格"对话框

复选框将开启捕捉网格功能，当移动舞台上的物体时，网格对物体有轻微的黏附作用。

提示　　单击"视图"→"贴紧"→"贴紧至网格"菜单命令，或单击工具栏中的"贴紧至对象"按钮，也可以启用捕捉网格功能。

5）若要改变网格单元的尺寸，可以在 ↔ 和 ↕ 文本框中分别输入代表网格单元宽度和高度的数值。

6）在"贴紧精确度"下拉列表框中可以选择捕捉到网格的难易程度，其中有四个可选项，它们的功能如下：

① 必须接近：严格程度，必须非常接近才能捕捉到。

② 一般：正常程度。

③ 可以远离：粗略程度，可以远距离捕捉。

④ 总是贴紧：选择此选项将一直打开捕捉功能。

2. 设置标尺

单击"视图"→"标尺"菜单命令或按组合键"Ctrl + Alt + Shift + R"可以在工作区域显示标尺，如图1-16所示。使用标尺可以有效地将对象定位或对齐到特定位置。

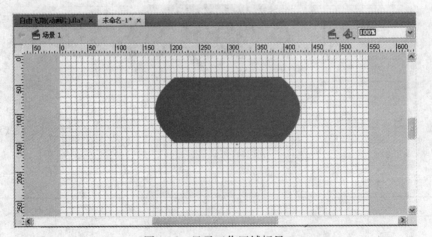

图1-16　显示工作区域标尺

3. 设置辅助线

单击"视图"→"辅助线"→"显示辅助线"菜单命令，可以在工作区域中显示辅助线，如图 1-17 所示。使用辅助线可以很方便地对齐多个对象。

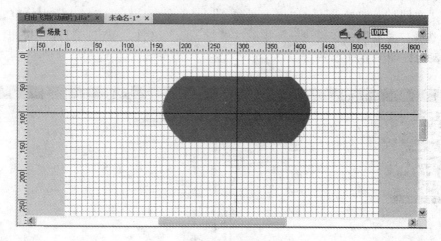

图 1-17　使用辅助线对齐对象

如果要禁止移动辅助线，可单击"视图"→"辅助线"→"锁定辅助线"菜单命令。若要清除已建立的辅助线，可单击"视图"→"辅助线"→"清除辅助线"菜单命令。

用户可以设置辅助线的颜色、显示/隐藏、对齐、锁定及捕捉网格的难易程度选项，具体操作步骤如下：

1）单击"视图"→"辅助线"→"编辑辅助线"菜单命令，弹出"辅助线"对话框，如图 1-18 所示。

2）要改变辅助线的颜色，可以单击"颜色" ，打开调色板，从中选择所需的颜色。

3）勾选"显示辅助线"复选框可以显示辅助线，取消勾选则会隐藏辅助线。

图 1-18　"辅助线"对话框

4）勾选"贴紧至辅助线"复选框将开启贴紧辅助线功能。当移动舞台上的物体时，辅助线对物体有轻微的黏附作用。

5）勾选"锁定辅助线"复选框将禁止移动辅助线。

6）在"贴紧精确度"下拉列表框中可以选择捕捉到辅助线的难易程度，其中有三个可选项，它们的功能如下：

① 必须接近：严格程度，必须非常接近才能捕捉到。

② 一般：正常程度。

③ 可以远离：粗略程度，可以远距离捕捉。

 任务实施

1. 打开 Flash 文件

启动 Flash，新建 Flash 文件，单击"文件"→"打开"菜单命令（或按"Ctrl + O"快捷键），打开"打开"对话框，选择 D 盘，选择"夜空中的繁星.fla"文件，如图 1-19 所示。单击"打开"按钮，打开动画文件。

2. 导入图片素材

单击"文件"→"导入"→"导入到舞台"菜单命令，打开"导入"对话框，如图 1-20 所示。选择"素材"→"模块一"中的"背景.jpg"文件，单击"打开"按钮，将该文件导入到舞台，如图 1-21 所示。

图 1-19　"打开"对话框　　　　　　　　图 1-20　"导入"对话框

图 1-21　导入到舞台的背景

3. 设置图片"属性"

单击"窗口"→"属性"菜单命令（或按"Ctrl + F3"快捷键），打开"属性"面板，如图 1-22 所示。选择舞台中导入的图片，单击"宽度"后面的数据，设置为"550.0"，单击"高度"后面的数据，设置为"400.0"，使背景图片大小与舞台相同，单击"X"后面的数据，设置为"0.0"，单击"Y"后面的数据，设置为"0.0"，使其位置与舞台完全重合，如图 1-23 所示。

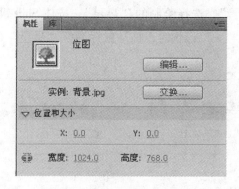
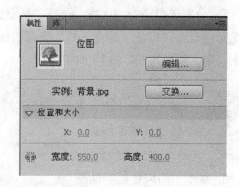

图1-22　"属性"面板　　　　　　　　　　图1-23　"属性"面板的设置

4. 制作"星星"元件

1）单击"插入"→"新建元件"菜单命令（或按"Ctrl + F8"快捷键），打开"创建新元件"对话框，在"名称"中输入"星星"，"类型"设置为"影片剪辑"，如图1-24所示。单击"确定"按钮，进入元件的编辑窗口。

2）选择"多角星形工具"，按"Ctrl + F3"快捷键，打开"属性"面板，单击"工具设置"项目中的"选项"按钮，打开"工具设置"对话框，"样式"设置为"星形"，"边数"设置为"5"，"星形顶点大小"设置为"0.50"，如图1-25所示。单击"确定"按钮。

图1-24　"创建新元件"对话框　　　　　　图1-25　"工具设置"对话框

3）将"笔触颜色"设置为"无"，"填充颜色"设置为"#FFFFCD（淡黄色）"，如图1-26所示。将鼠标移动到舞台"＋"位置上，按住鼠标左键拖动鼠标，绘制星形，如图1-27所示。

4）分别选择时间轴中的第5帧和第10帧，选择"插入"→"时间轴"→"关键帧"菜单命令（或按F6键），分别插入关键帧（实心的圆点）；分别选择第2、6、11帧，选择"插入"→"时间轴→"空白关键帧"菜单命令（或按F7键）；选择第14帧，选择"插入"→"时间轴"→"帧"菜单命令（或按F5键）延长帧，如图1-28所示。

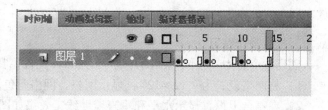

图1-26　颜色设置　图1-27　绘制星形　　　　图1-28　时间轴设置

5）分别选择第 5、10 帧，选择"任意变形工具"，选择绘制的"星星"，按住 Shift 键，将光标移动到"星星"的左下角，光标指针变成""形状时，拖动鼠标调整"星星"的大小，第 5 帧稍大些，第 10 帧稍小些。

> **提示**　插入各种帧的方法也可以采用快捷菜单来完成，选择一个帧，右击打开快捷菜单，选择所需要的帧。

5. 制作"闪闪星星"动画

1）单击窗口左上角上的"场景 1"，返回场景编辑窗口，双击时间轴中"图层 1"，输入"背景"，单击时间轴下的"新建图层"按钮，并将图层更名为"星星"。

2）选择"星星"图层的第 1 帧，按"Ctrl + L"快捷键，打开"库"面板，用鼠标将"星星"元件拖曳到舞台上，选择"任意变形工具"，调整"星星"的大小及位置，可以根据个人需要拖动 3 ~ 5 个"星星"，使它们的位置及大小各不相同，如图 1-29 所示。

3）分别选择第 5、10、15、20 帧，按 F6 键插入关键帧，并将"星星"元件拖曳到舞台中，调整大小（可依个人爱好来设置个数和大小）。

4）选择"背景"、"星星"图层的第 25 帧，按 F5 键插入帧，延长帧，如图 1-30 所示，完成"夜空中的繁星"动画的制作。

图 1-29　星星的位置及大小设置

图 1-30　图层帧的设置

6. 播放动画

动画制作完成后，要想看一下动画的整体效果，需要播放动画。单击"控制"→"测试影片"菜单命令，或"控制"→"测试场景"菜单命令（或按"Ctrl + Enter"快捷键），这时将生成一个 SWF 文件，并在 Flash 播放器中播放 SWF 文件，此 SWF 文件与 FLA 文件存放在同一文件夹中，而不是作为一些临时文件存在。

技能操作练习

创建一个名为"校园生活图片展"的 Flash 文件。具体要求如下：

1）将网格设置为"12×12"，显示网格，网格颜色为蓝色。

2）在舞台上设置显示水平和垂直辅助线，效果如图 1-31 所示。

3）在舞台上绘制一个圆，使其圆心放在两条辅助线的交叉点上，效果如图 1-32 所示。

4）取消显示网格和辅助线。

5）保存文件到 E 盘，文件名为"校园生活图片展"，文件类型为"FLA"。

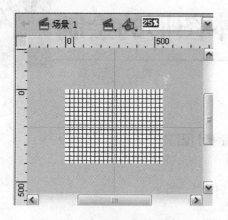
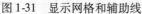

图 1-31　显示网格和辅助线

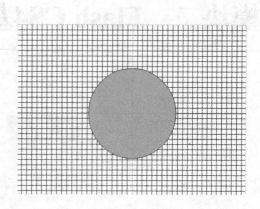

图 1-32　绘制圆

说明：将模块一到模块九课后的"技能操作训练"连接起来是一个综合实例，展现的是：在一所技师学院门前，有一副对联和一把门锁，通过单击门锁打开技师学院的大门，太阳冉冉升起，一所技师学院展现出来，出现校训和欢迎文字，单击"欢迎观赏"按钮，进入观赏图片界面，单击不同的观赏按钮，可以进入不同的图片观赏界面，图片通过不同的动画制作手法，将技师学院的校园生活展现出来。在制作动画时注意前后的衔接。

模块二　Flash CS4基本图形的绘制 **2**

单元一　　**绘制图形**

任务一　绘制"月亮"图形

> **知识目标：**了解矢量图与位图的区别，掌握视图控制工具、选择工具和绘图工具的使用方法。
>
> **技能目标：**掌握选择工具和椭圆工具的使用及绘制图形的操作技能。

任务描述

"遥远的夜空，有一个弯弯的月亮，……"，一首美妙的歌曲，唱出了月亮的浪漫，而利用 Flash 软件，可以绘制出弯弯的月亮，如图2-1 所示。

任务分析

本项任务是利用椭圆工具和选择工具绘制出"月亮"图形，并利用缩放工具和手形工具对绘制出来的图形进行大小调整和舞台位置移动的操作。

图2-1　月亮效果图

相关知识

1. 矢量图与位图

根据原理的不同，在计算机中所使用的图形可以分为矢量图和位图两种，如图2-2、图2-3所示。

图2-2　矢量图

图2-3　位图

用 Flash 绘制的图形是矢量图，这使得动画的下载速度很快，同时矢量图形可以任意缩放大小以适合浏览者的屏幕尺寸。与矢量图相对的是位图，矢量图与位图格式不同，显示的原理也不一样。了解和区分这两种图像格式，对使用它们会有所帮助。二者的对比见表 2-1。

表 2-1　矢量图形与位图图形对比表

对比项	矢 量 图 形	位 图 图 形
定义	矢量图形以数学的矢量方式来记录图像内容	位图图形也称像素图像或点阵图像，是由多个像素点组成的
优点	它的内容以线条和色块为主，文件所占的容量较小，可以很容易地进行放大、缩小或旋转等操作，并且不会失真，精确度较高，还可以用来制作 3D 图像	能够制作出色彩和色调变化丰富的图像，可以逼真地表现自然界的景象，同时也可以很容易地在不同软件之间交换文件
缺点	不易制作色调丰富或色彩变化较大的图像，而且绘制出来的图形不是很逼真，无法像照片一样精确地表现自然界的景象，同时也不易在不同软件之间交换文件	无法制作真正的 3D 图像，并且图像在缩放和旋转时会产生失真现象，同时文件较大，对内存和硬盘空间容量的需求也较高
清晰度	一幅矢量图形，无论将它放大多少倍，图像的质量也丝毫不受影响	一幅位图图形，是用有限的像素"铺"成的，将其放大后可以看到一个个像素，尤其是在图形边缘，有特别明显的方块状锯齿

2. 手形工具和缩放工具

在 Flash 的工具箱中有两个工具，它们本身并不能进行绘画操作，在 Flash 动画的制作中却又经常会使用它们，分别是 Flash 的手形工具和缩放工具，"手形工具"和"缩放工具"在 Flash 的工具箱中下部，下面分别看一看它们的作用。

（1）手形工具　手形工具如图 2-4 所示。手形工具的快捷键是"H"，按下键盘上的"H"键，即会变为"手形工具"。当光标变为手形以后就可以通过鼠标实现对舞台的移动，这样可以更好地观察画面。

提示　　不管在使用 Flash 制作动画的过程中使用何种工具，只要按下键盘上的"空格键"，都可以临时变为"手形工具"，松开"空格键"，则又恢复到之前的工具。

（2）缩放工具　缩放工具如图 2-5 所示。缩放工具的快捷键是"M"，按下快捷键可以切换为"缩放工具"。当选择了"缩放工具"后，在工具箱最下方的"选项区"出现两个按钮，一个是"放大" 操作按钮，一个是"缩小" 操作按钮。可以通过鼠标选择放大或缩小的按钮，实现对舞台工作区的放大或缩小。

"放大操作按钮"可以通过键盘"Ctrl + 加号"来实现。

"缩小操作按钮"可以通过键盘"Ctrl + 减号"来实现。

> "放大操作按钮"和"缩小操作按钮"之间可以通过快捷键"Alt"键进行切换，当选择"放大" 🔍 操作按钮时，需要临时切换为"缩小" 🔍 操作按钮，只需要按住"Alt"键，就会临时变为"缩小"操作按钮，当松开"Alt"键后，则又变为"放大"操作按钮。

图 2-4　手形工具

图 2-5　缩放工具

3. 选择工具

在 Flash 软件中，有个工具在动画造型中起到关键的作用，即排列在工具箱第一位的"选择工具"，快捷键是"V"，如图 2-6 所示。

选择工具之所以能起到非常关键的作用，要从两个方面来分析。

（1）选择

1）选择图形。选择工具的名称已经概括了它的作用，它起到选择的作用。例如，在舞台中绘制"椭圆"和"矩形"两个图形，要把"椭圆"与"矩形"合在一起，就需要使用"选择工具"，移动矩形到椭圆所在的位置上，如图 2-7 所示。

图 2-6　选择工具

图 2-7　移动位置

2）单击。如果直接使用"椭圆工具"绘制一个带边线的椭圆。使用"选择工具"，单击边线就选择了边线，图形部分没有被选择，如图 2-8 所示。如果单击"椭圆图形"部分就选择了图形，边线没有选择，如图 2-9 所示。

图 2-8　选中边线

图 2-9　选中图形

3）双击。还是以带有边线的"椭圆图形"为例，如果使用"选择工具"双击图形，就选择了包括边线在内的"椭圆图形"的全部，如图 2-10 所示。

4）按住鼠标拖动选择。如果需要选择"椭圆图形"的一部分，如半个椭圆时，就可以通过"选择工具"按住鼠标并拖动选择，就选择了半个椭圆，如图 2-11 所示。

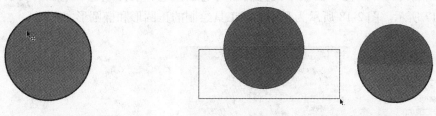

　　图 2-10　选中全部　　　　　　　　　　　　图 2-11　选中半个椭圆

（2）改变形状

1）直线变弧线。如果想把一条直线变成弧线，就需要使用"选择工具"，当"选择工具"接近直线时，在它的黑色箭头下会出现个"小弧线"，这时按住鼠标向下或向上拖动，就可以变"直线"为"弧线"，如图 2-12 所示。

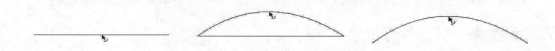

图 2-12　变直线为弧线

　　2）直线变 S 形线。如果想把"一条直线"变成 S 形线，也可以通过"选择工具"来实现。使用"选择工具"，在直线中部上端，按住鼠标向下拖动，选择"线段"的一段。这时线段被分成了两个部分，如图 2-13 所示。使用"选择工具"将前端和后端线段一个向上，一个向下分别拖动成"弧形"，如图 2-14 所示。再把靠近中心部分的弧形起点连接，S 形线段就绘制完成了，如图 2-15 所示。

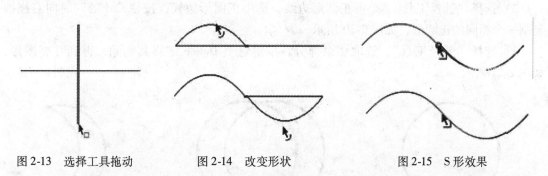

图 2-13　选择工具拖动　　　　图 2-14　改变形状　　　　图 2-15　S 形效果

在选择和改变形状的过程中，还可以配合快捷键的使用而增加更多的功能，比如按住"Alt"键拖动为复制操作，按住"Shift"键选择图形为多选图形等。

4. 椭圆工具

工具面板中的椭圆工具是用来创建椭圆的，如图 2-16 所示。选中该工具后，在舞台中拖拽鼠标即可得到椭圆。在绘图过程中按住 Shift 键，可以绘制正圆形。需要注意的是，绘制前要在椭圆工具的"属性"面板中设置椭圆的笔触颜色、填充颜色、笔触高度及笔触样式，如图 2-17 所示。图 2-18 所示为利用椭圆工具绘制的正圆形和椭圆形。

图 2-16　椭圆工具　　　　图 2-17　椭圆工具的"属性"面板　　　　图 2-18　正圆形和椭圆形

任务实施

1. 设置文档属性

新建一个 Flash 文档，打开"属性"面板，将"舞台大小"设置为：宽为"550"，高为"400"。

2. 绘制图形

1）选择"椭圆工具"，在"属性"面板中，将"笔触高度"设置为"5"，"笔触颜色"设置为"天蓝色"，"填充颜色"设置为"无"。按住 Shift 键和 Alt 键的同时，在舞台中绘制一个以起点为中心点的正圆形，如图 2-19 所示。

2）选择"选择工具"，单击正圆形边线，选中正圆形边线，按住 Ctrl 的同时向右拖拽复制一个相同的正圆形，如图 2-20 所示。

3）选择"选择工具"，选取多余部分，按键盘上 Delete 键将其删除，得到月亮图形，如图 2-21 所示。

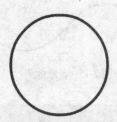
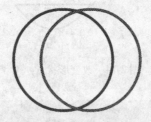

图 2-19　绘制正圆形　　　　图 2-20　复制正圆形　　　　图 2-21　删除多余部分

3. 调整图形大小

选择工具箱中的缩放工具，对"月亮"的显示比例进行调整，如图 2-22、图 2-23 所示。

4. 移动图形位置

利用工具箱中的手形工具移动舞台的位置，如图 2-24、图 2-25 所示。

图2-22　缩小"月亮"　　　　　　　　　　图2-23　放大"月亮"

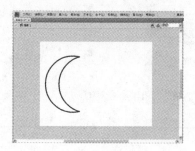

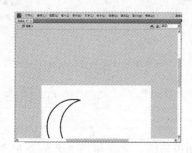

图2-24　移动位置一　　　　　　　　　　图2-25　移动位置二

 扩展知识

使用椭圆工具常见操作如下：

1）设置属性面板中的笔触颜色，如图2-26所示。

2）设置属性面板中的笔触高度，如图2-27所示。

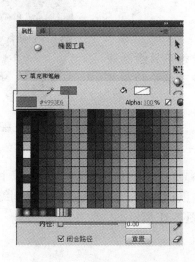

图2-26　设置笔触颜色　　　　　　　　　图2-27　设置笔触高度

3）设置属性面板中的笔触样式，如图2-28所示。

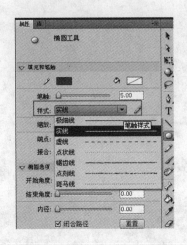

图 2-28　设置笔触样式

任务二　绘制"陶瓷花瓶"图形

知识目标：掌握绘图工具的使用方法。
技能目标：熟练掌握利用线条工具、铅笔工具等绘制矢量图形的方法。

 任务描述

花瓶是一种器皿，陶瓷花瓶外表美观、形状各异，现在大多作为装饰摆设用，而且具有非常好的收藏价值和观赏价值。本次任务是绘制陶瓷花瓶，效果如图 2-29 所示。

任务分析

本项任务首先利用椭圆工具绘制瓶口，再用线条工具绘制瓶身，用星形工具和椭圆工具绘制花朵，最后用线条工具绘制花茎和花叶。

图 2-29　陶瓷花瓶效果图

相关知识

1. 线条工具

线条工具主要用于绘制线段，如图 2-30 所示。线条工具的快捷键是"N"，按下键盘上的"N"键，即会变为"线条工具"。在舞台上按住鼠标左键，并从起点一直拖到终点，然后释放，在起点和终点之间就会生成一条直线，如图 2-31 所示。

图 2-30　线条工具　　　　　　　　　　　　　图 2-31　线条工具的使用

在使用线条工具画直线时，按住 Shift 键沿水平或垂直方向拖动鼠标，可以绘制水平直线或垂直直线；沿左上角或右下角拖动鼠标可以绘制倾斜 45°的直线。

2. 铅笔工具

铅笔工具如图 2-32 所示，快捷键是"Y"，按下键盘上的"Y"键，即会变为"铅笔工具"。单击"铅笔工具"按钮，用鼠标在工作区内滑动即可绘制线条。用"铅笔工具"可以绘制出任意的直线和曲线，如图 2-33 所示。

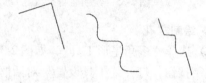

图 2-32   铅笔工具   图 2-33   铅笔工具的使用

选择铅笔工具时，在"绘图工具栏"的选项区中会出现两个选项："对象绘制"和"铅笔模式"。这里详细介绍一下"铅笔模式"。

单击"铅笔模式"选项，在弹出的对话框中有三个选项，分别是"直线化"、"平滑"和"墨水"。

1）"直线化"：适用于绘制矩形、椭圆等规则图形。当所画的图形接近矩形或圆形时，将自动转换为矩形或圆形。

2）"平滑"：适用于绘制平滑的图形。使用"平滑"模式绘制的图形会自动去掉棱角，使图形尽量平滑。

3）"墨水"：适用于手绘图形。用"墨水"模式画出来的图形轨迹即为最终的图形。

任务实施

1. 设置文档属性

新建一个 Flash 文档，打开"属性"面板，将"舞台大小"设置为：宽为"500"，高为"800"。

2. 绘制"花瓶"

1）选择"椭圆工具"，在"属性"面板中，将"笔触高度"设置为"5"，"笔触颜色"设置为"#660000"，"填充颜色"设置为"#CCCCCC"。按住鼠标左键在舞台上绘制一个椭圆形瓶口，如图 2-34 所示。

2）选择"线条工具"，"笔触颜色"设置为"#660000"，"笔触高度"设置为"3"，绘制花瓶的瓶身，效果如图 2-35 所示。

图 2-34   绘制瓶口

3）选择"选择工具"，将鼠标指针移到花瓶瓶身的边线上，调整花瓶边线的弧度，效果如图 2-36 所示。

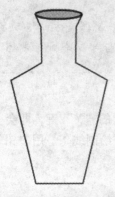

图 2-35　绘制瓶身　　　　　　　　　　　图 2-36　调整瓶身

3. 绘制"花"

1）选择"多角星形工具"，如图 2-37 所示。在属性面板中单击"工具设置"项目中的"选项"按钮，打开"工具设置"对话框，选择"星形"样式，"边数"设置为"5"，"星形顶点大小"为"0.30"，"笔触颜色"设置为"#CC0000"，"填充颜色"为"无"，"笔触高度"为"3.00"，如图 2-38 所示。

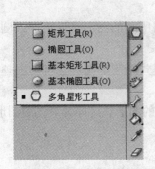

图 2-37　多角星形工具　　　　　　　　　图 2-38　工具设置

2）在舞台上绘制一个五角星，绘制完成效果如图 2-39 所示。

3）选择"选择工具"，将鼠标移动到边线上，调整边线弧度，效果如图 2-40 所示。

4）选择"椭圆工具"，将"笔触颜色"设置为"深黄色"，"填充颜色"设置为"黄色"，按住 Shift 键在星形的中心上绘制一个圆，效果如图 2-41 所示。

图 2-39　绘制五角星　　　　　图 2-40　调整星形弧度　　　　图 2-41　绘制圆

5）选择颜料桶工具，将"填充颜色"设置为"#993366"，填充花瓣颜色，效果如图 2-42 所示。

4. 绘制"花茎和花叶"

1）选择"铅笔工具"，将"铅笔模式"设置为"平滑"，"笔触颜色"设置为"#330000"，绘制花茎，效果如图 2-43 所示。

2）选择"铅笔工具"，将"铅笔模式"设置为"平滑"，"笔触颜色"设置为"#333300"，绘制花叶，效果如图 2-44a 所示。

图 2-42 填充颜色

3）选择"颜料桶工具"，将"填充颜色"设置为"#669900"，填充花叶颜色，效果如图 2-44b 所示。

4）选择"选择工具"，将整个花叶全部选中，按 Alt 键向右拖曳，复制一个花叶，选择"修改"→"变形"→"水平翻转"菜单命令，将花叶翻转并使用任意变形工具调整大小，放置在花茎上，效果如图 2-44c 所示。

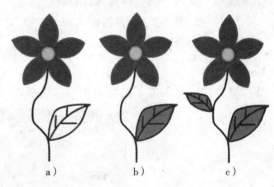

图 2-43 绘制花茎　　　　　　　　　　图 2-44 绘制花叶

5. 制作陶瓷花瓶整体效果

1）选中花的全部，按"Ctrl + G"键组合图形，将其移入花瓶内部，并调整位置。

2）选择"颜料桶工具"，"填充颜色"设置为"#663300"，将花瓶内部填充颜色，完成任务的制作，效果如图 2-29 所示。

>
> **提示**
> 在使用铅笔工具时，绘制完成的图形如果觉得平滑度还是不够，可以将线条选中，多次单击铅笔模式中的平滑按钮，使线条更加平滑。

扩展知识

1. 线条工具属性的设置

线条的属性主要有笔触颜色、笔触高度和笔触样式三种，可以在"属性"面板中进行设置，使用"Ctrl + F3"快捷键即可打开"属性"面板，如图 2-45 所示。

（1）笔触颜色　单击属性面板中的"笔触颜色"按钮，弹出颜色拾取面板，可通过鼠标来选择笔触颜色，如图 2-46 所示。

在笔触颜色拾取面板中，可以看到一个 Alpha 参数。这个参数是用来设置线条的透明度的，100% 显示为正常颜色，0% 显示为透明。

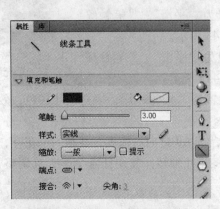

图 2-45　线条工具属性面板

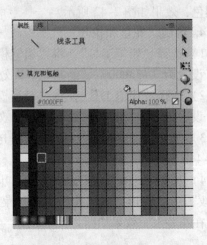

图 2-46　设置笔触颜色

（2）笔触高度　在"笔触"文本框中可以输入不同的值来改变线条的粗细，取值范围为 0.1 ~ 200 像素。

（3）笔触样式　单击下拉菜单，可以选择不同样式的直线，如图 2-47 所示。

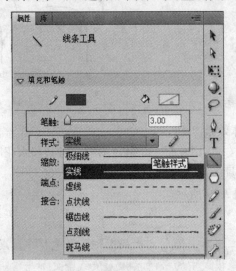

图 2-47　设置线条样式

2. 铅笔工具属性的设置

"铅笔工具"的属性可以在属性面板中进行设置，设置方法与"线条工具"的设置方法一样。

任务三　绘制"西瓜"图形

> **知识目标**：掌握绘图工具、刷子工具及橡皮擦工具的使用方法。
> **技能目标**：熟练掌握利用矩形工具、刷子工具及橡皮擦工具绘制图形的操作技能。

任务描述

西瓜是夏天的典型水果，也是夏季的主要水果，在炽热的夏日或气温闷热的夜晚，只要有冷藏的西瓜，便具有消热除暑的效果。本次任务是绘制西瓜，效果如图2-48所示。

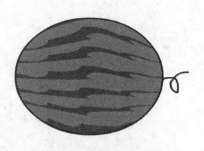

图 2-48　西瓜效果图

 任务分析

本项任务是利用矩形工具和任意变形工具绘制出"西瓜"图形的花纹，用椭圆工具绘制"西瓜"的外壳，并利用刷子工具和橡皮工具，对绘制好的西瓜图形进行修改，掌握基本绘图工具的使用。

相关知识

1. 矩形工具

工具面板中的矩形工具是用来创建矩形的，如图2-49所示。矩形工具的快捷键是"R"，选中该工具后，在舞台中拖拽鼠标即可得到矩形。在绘图过程中按住 Shift 键，可以绘制正方形。需要注意的是，绘制前要在矩形工具的属性面板中设置矩形的笔触颜色、填充颜色、笔触高度及笔触样式，如图2-50所示。图2-51所示为利用矩形工具绘制的正方形和矩形。

图 2-49　矩形工具

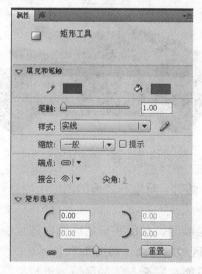

图 2-50　矩形工具属性面板

图 2-51　正方形和矩形

2. 刷子工具

Flash 中的刷子工具用来绘制任意形状的矢量色块，刷子工具的快捷键是"B"，选中该工具，在它的选项区中提供了一些实用的功能。如图2-52、图2-53所示为刷子工具及其属性面板。

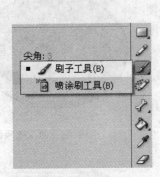

图 2-52　刷子工具

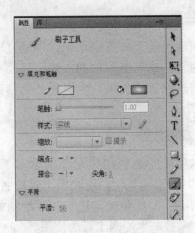

图 2-53　刷子工具属性面板

（1）标准绘画　选择"标准绘画"选项进行绘画时，会覆盖住原有图形，但不影响导入的图形和文本对象，如图 2-54 所示。

（2）颜料填充　选择"颜料填充"选项进行绘画时，会覆盖原有图形，但不会对线条起作用，如图 2-55 所示。

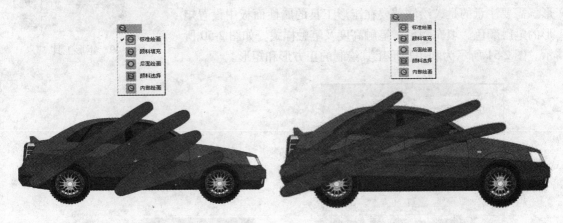

图 2-54　标准绘画　　　　　　　　　　　　　　图 2-55　颜料填充

（3）后面绘画　选择"后面绘画"选项进行绘画时，只能在之前的图形下面进行绘画，如图 2-56 所示。

（4）颜料选择　选择"颜料选择"选项进行绘画时，只能在选定区域内进行绘画。使用选择工具或套索工具对色块进行选择后，在选择区域内绘画，如图 2-57 所示。

（5）内部绘画　选择"内部绘画"选项时，只能在完全封闭的区域内进行绘画，若起点在空白区域，只能在空白区域进行绘画，如图 2-58 所示。

（6）"刷子大小"下拉菜单　通过"刷子大小"下拉菜单，可以对刷子的大小进行选择，如图 2-59 所示。

（7）"刷子形状"下拉菜单　通过"刷子形状"下拉菜单，可以对刷子形状进行选择，在"刷子形状"下拉菜单中提供了"圆、椭圆、方形、长方形、斜线形"等，如图 2-60 所示。

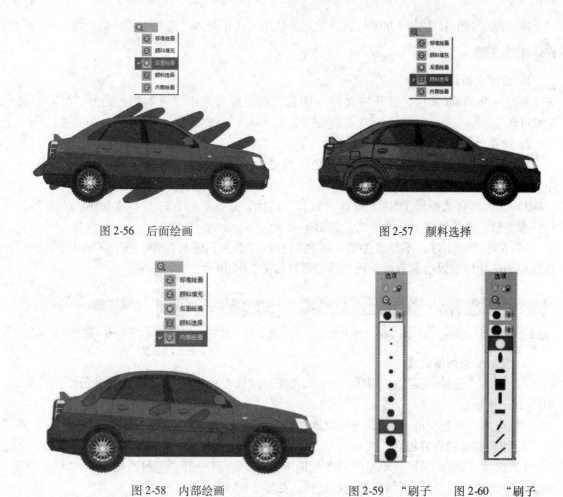

图 2-56　后面绘画　　　　　　　　　　图 2-57　颜料选择

图 2-58　内部绘画　　　　　　　　图 2-59　"刷子　　图 2-60　"刷子
　　　　　　　　　　　　　　　　　　大小"下拉菜单　　形状"下拉菜单

3. 橡皮擦工具

　　Flash 中的橡皮擦工具用来擦除任意形状的矢量色块，橡皮擦工具的快捷键是"E"，选中该工具，在它的选项区中提供了一些实用的功能。如图 2-61、图 2-62 所示为橡皮擦工具及其属性选项功能。

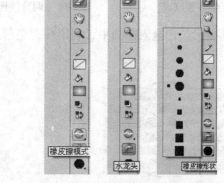

图 2-61　橡皮擦工具　　　　　　　　图 2-62　橡皮擦工具的属性选项功能

橡皮擦工具的具体使用方法与刷子工具的使用方法相类似，这里不做详细介绍。

任务实施

1. 设置文档属性

新建一个 Flash 文档，打开"属性"面板，将"舞台大小"设置为：宽为"550"，高为"400"。

2. 绘制单条西瓜纹理

1）选择"矩形工具"，将"笔触颜色"设置为"无"，"填充颜色"为"绿色"，绘制矩形条，如图 2-63 所示。

2）选择"任意变形工具"，选择"封套"功能，选择矩形，如图 2-64 所示，对矩形进行任意变形，调节纹理至合适样式，如图 2-65 所示。

3）由于节点不够，不是很形象，可利用选择工具对其进行操作，按住 Ctrl 键的同时，在相应的位置拖拽以增加节点，调整后的形状如图 2-66 所示。

图 2-63　绘制矩形条　　　图 2-64　封套功能　　　图 2-65　利用封套调整　　　图 2-66　调整后的形状

3. 复制多条西瓜纹理

1）选择"选择工具"，选中单条西瓜纹理，按住 Ctrl 键的同时，复制多条西瓜纹理，如图 2-67 所示。

2）选择"任意变形工具"，选择纹理整体，调整纹理至合适大小，如图 2-68 所示。

4. 绘制西瓜轮廓并组合

1）选择"椭圆工具"，单击"对象绘制"选项，绘制一个"笔触高度"为"3"，"笔触颜色"为"深绿色"，无填充颜色的椭圆，如图 2-69 所示。

图 2-67　复制多条纹理　　　图 2-68　调整纹理　　　图 2-69　西瓜轮廓

2）将全部条形纹理拖入椭圆中，利用任意变形工具中的"封套"功能进行调整，如图 2-70、图 2-71 所示。

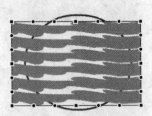
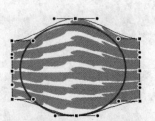

图 2-70　纹理放入轮廓上方　　　　　图 2-71　利用封套功能调整

3）全部选中西瓜纹理及轮廓，按"Ctrl + B"键将其打散，调整后的样式如图 2-72 所示。将多余部分删除，得到西瓜样式，如图 2-73 所示。

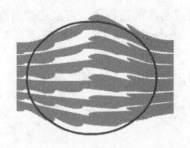

图 2-72 调整后的样式

图 2-73 将多余部分删除

5. 绘制西瓜瓜蒂

1）选择"颜料桶工具"，将"填充色"设置为"深绿色"，单击西瓜空白部分填充为深绿色，如图 2-74 所示。

2）选择"铅笔工具"，将"笔触颜色"设置为"深绿色"，绘制西瓜瓜蒂，如图 2-75 所示。

图 2-74 填充颜色

图 2-75 绘制西瓜瓜蒂

任务四 绘制"红心"图形

知识目标：掌握钢笔工具的使用方法。
技能目标：熟练掌握利用钢笔工具绘制图形的方法。

 任务描述

天涯赤子心，漂洋过海，落叶归根。一颗跳动的红心，一颗爱国之心。本次任务是绘制红心图形，效果如图 2-76 所示。

任务分析

本项任务是利用钢笔工具绘制出"红心"图形，并用颜料桶工具填充颜色，掌握钢笔工具的使用方法。

图 2-76 红心效果图

🔍 **相关知识**

1. 钢笔工具的使用

应用钢笔工具可以绘制精确的路径。如创建直线或曲线的过程中，可以先绘制直线或曲线，再调整直线段的角度和长度以及曲线段的斜率。单击工具箱中的"钢笔工具"或按键盘上的"P"键，启用钢笔工具，如图 2-77 所示。

平时必须多加练习使用钢笔工具，才能熟练地画出各种图形，如图 2-78 所示。

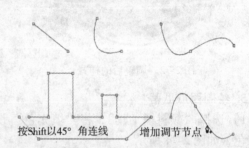

按Shift以45°角连线　　增加调节节点

图 2-77　钢笔工具　　　　　图 2-78　利用钢笔工具绘制图形

将光标放置在舞台上想要绘制曲线起始端的位置，然后单击鼠标左键不放，此时出现第一个锚点，并且钢笔尖变为箭头，松开鼠标，将光标放置在想要绘制第二个锚点的位置，单击鼠标并按住左键不放，绘制出一条直线段。将光标向其他方向拖曳，直线转换为曲线。

2. 钢笔工具中节点的操作

（1）增加节点　钢笔工具的光标变为带加号时，在线段上单击鼠标就会增加一个节点，有助于更精确地调整线段。

（2）删除节点　当光标变为带减号时，在线段上单击节点，就会将这个节点删除。

（3）转换节点　当光标变为带折线时，在线段上单击节点，就会将这个节点前的一段曲线改为最短距离或者转换为直线。

当选择钢笔工具绘画时，若在用铅笔、刷子、线条、椭圆或矩形工具创建的对象上单击，就可以调整对象节点，以改变这些线条的形状。

⚠️ **任务实施**

1. 设置文档属性

新建一个 Flash 文档，打开"属性"面板，将"舞台大小"设置为：宽为"550"，高为"400"。

2. 绘制"心形"

1）选择"钢笔工具"，鼠标在第 1 点单击一下松手，在第 2 点按住鼠标不松手拖动，如图 2-79 所示。

2）左手按住 Alt 键，鼠标单击第 2 点，去掉一个手柄，松开左手，如图 2-80 所示。

3）鼠标按住第 3 点不放拖动，松手形成两个手柄，左手按住 Alt 键，鼠标单击第 3 点，则去掉一个手柄，如图 2-81 所示。

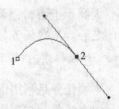

图 2-79　绘制上方部分

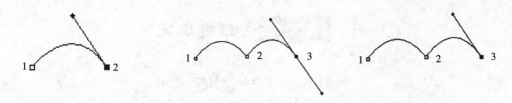

图 2-80　去掉第 2 点手柄　　　　　　　图 2-81　去掉第 3 点手柄

4）用同样的方法绘制第 4 点，如图 2-82 所示。

5）用同样的方法绘制第 5 点，如图 2-83 所示。

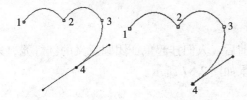

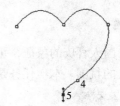

图 2-82　绘制下方部分　　　　　　　　图 2-83　绘制第 5 点

6）用同样的方法绘制第 6 点，如图 2-84 所示。

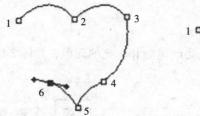

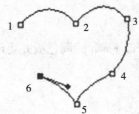

图 2-84　绘制第 6 点

7）鼠标按住第 1 点不放拖动，如图 2-85 所示将 1 点和 6 点连接起来。

8）松开鼠标形成一个心形，可以使用路径选择工具把心形移动到文件中心，如图 2-86 所示。出现的 6 个控制点，用鼠标在文件上单击一下就没有了。

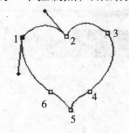

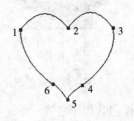

图 2-85　将第 1 点和第 6 点连接　　　　图 2-86　绘制完整图形

3. 填充颜色

选择"颜料桶工具"，将"颜色"设置为"红色"，单击心形中心，将心形填充为红色，达到最终效果。

单元二　**颜色填充**

任务一　绘制"灯笼"图形

> **知识目标：** 了解颜色面板的组成，掌握创建和编辑颜色的方法。
> **技能目标：** 熟练掌握利用颜色面板创建和编辑颜色的操作技能。

任务描述

灯笼是中国人喜庆的象征，正月十五元宵节前后，人们挂起象征团圆意义的红灯笼，来营造一种喜庆的氛围。本次任务是绘制灯笼，效果如图 2-87 所示。

任务分析

本项任务是先运用矩形工具、椭圆工具、线条工具来绘制灯笼，然后运用颜色面板配色，最后用填充颜色来填充灯笼的颜色。通过此项任务的学习、掌握颜色面板的使用方法。

相关知识

1. 颜色面板

颜色面板允许修改 Flash 的调色板并更改笔触和填充的颜色，如图 2-88 所示。

图 2-87　灯笼效果图

图 2-88　颜色面板

颜色面板包含以下各项：

（1）笔触颜色　更改图形对象的笔触或边框的颜色。

（2）填充颜色　更改填充颜色是更改填充形状区域的颜色。

（3）类型菜单　笔触颜色和填充颜色的类型有纯色、线性、放射状和位图。

2. 创建或编辑纯色

可以展开颜色面板以代替颜色栏显示更大的颜色区域，其中有一个拆分开的颜色样本可显示当前和以前的颜色，还有一个"亮度"滑块可修改所有颜色模式下的颜色亮度。

1）若要将颜色应用到现有的插图，在舞台上选择一个或多个对象，然后选择"窗口"→"颜色"。

2）若要选择颜色模式显示，从右上角的面板菜单中选择 RGB（默认设置）或 HSB。单击"笔触"或"填充"图标，以指定要修改的属性。

3）若要在填充和笔触之间交换颜色，单击"交换颜色"按钮 ⏸。

4）若不对填充或笔触应用任何颜色，单击"无颜色"按钮 ▨。

5）若要向当前文档的颜色样本列表添加新的颜色，从右上角的菜单中选择"添加样本"。

3. 创建或编辑渐变填充

渐变是一种多色填充，即一种颜色逐渐转变为另一种颜色。使用 Flash，能够将多达 15 种的颜色转变应用于渐变。创建渐变是在一个或多个对象间创建平滑颜色过渡的好方法。可以将渐变存储为色板，从而便于将渐变应用于多个对象。Flash 可以创建两类渐变：

1）线性渐变：是沿着一根轴线（水平或垂直）改变颜色。

2）放射状渐变：从一个中心焦点向外改变颜色。可以调整渐变的方向、颜色、焦点位置，以及渐变的其他很多属性，产生从一个中心焦点出发沿环形轨道向外混合的渐变。

4. 创建或编辑颜色过程中应注意的情况

1）若要将渐变填充应用到现有插图，在舞台中选择一个或多个对象。如果看不到"颜色"面板，选择"窗口"→"颜色"。选择一种颜色显示模式，从面板菜单选择 RGB（默认设置）或 HSB。

2）要更改渐变中的颜色，在渐变定义栏下选择一个颜色指针（所选颜色指针顶部的三角形将变成黑色），然后在渐变栏上方显示的颜色空间窗格中单击，拖动"亮度"滑块来调整颜色的亮度。

3）要向渐变中添加指针，单击渐变定义栏或渐变定义栏的下方，为新指针选择一种颜色，如上一步骤所述。

4）最多可以添加 15 个颜色指针，从而创建多达 15 种颜色转变的渐变。

5）要重新放置渐变上的指针，沿着渐变定义栏拖动指针即可。将指针向下拖离渐变定义栏可以删除它。

6）若要保存渐变，单击"颜色"面板右上角的三角形，然后从菜单中选择"添加样本"，即可将渐变添加到当前文档的"样本"面板中。

7）要进行渐变变形，例如实现垂直渐变而非水平渐变，可以使用渐变变形工具。

任务实施

1. 设置文档属性

新建一个 Flash 文档，打开"属性"面板，将"舞台大小"设置为：宽为"550"，高为"400"。

2. 绘制"灯笼"图形

1）选择"矩形工具"，将"笔触颜色"设置为"红色"，"笔触高度"设置为"2"，"填充颜色"设置为"无"，在舞台中按住鼠标左键拖动绘制矩形至合适大小后松手，作为灯笼上方部分，如图 2-89 所示。

2）选择"选择工具"，选中全部矩形，按住 Ctrl 键的同时复制出一个相同的矩形，如图 2-90 所示。

图 2-89　绘制灯笼上方部分　　　　　　　　　　图 2-90　复制矩形

3）选择"椭圆工具"，将"笔触颜色"设置为"红色"，"笔触高度"设置为"2"，"填充颜色"设置为"无"，在舞台中按住鼠标左键拖动绘制椭圆至合适大小后松手，作为灯笼外部轮廓，如图 2-91 所示。

4）将复制的矩形图形，放置于灯笼轮廓下方，如图 2-92 所示。

图 2-91　绘制灯笼轮廓　　　　　　　　　　　图 2-92　组合

5）选择"线条工具"在灯笼轮廓内部绘制多条直线，如图 2-93 所示。

6）利用"选择工具"，将每一条线段调整成相应的弧度，如图 2-94 所示。

7）选择"线条工具"，按住 Shift 键的同时，垂直地绘制一条灯笼的中心线，如图 2-95 所示。

图 2-93　绘制内部线条　　　图 2-94　调整形状　　　图 2-95　绘制中心线

8）选择"线条工具"，按住 Shift 键的同时，在灯笼下方垂直地绘制几条直线，作为灯笼穗。

3. 填充颜色

1）通过"窗口"→"颜色"菜单命令调出"颜色"面板，将颜色面板中"类型"选项更改为线性，添加两个颜色块，如图 2-96 所示。

2）鼠标双击第一个颜色块，调出调色板，选中白色，如图 2-97 所示。

图 2-96　"颜色"面板设置

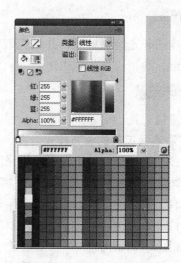

图 2-97　更改第一个颜色块

3）鼠标双击第二个颜色块，调出调色板，选中红色，如图 2-98 所示。

4）利用"填充桶工具"，在需要填充颜色的区域单击，如图 2-99 所示。

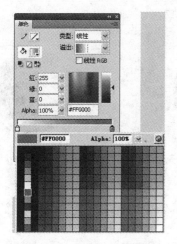

图 2-98　更改第二个颜色块

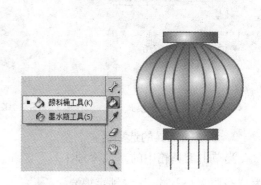

图 2-99　使用颜料桶工具填充

任务二　绘制"玫瑰花样式"图形

知识目标：掌握油漆桶工具的使用方法。

技能目标：熟练掌握利用漆桶工具填充多种样式图形的操作技能。

📖 **任务描述**

玫瑰象征爱情，是爱的传递。本次任务是绘制玫瑰花样式图形，效果如图 2-100 所示。

任务分析

本项任务先绘制矩形，并填充双色，然后用变形面板复制矩形，绘制玫瑰花样式。

相关知识

油漆桶工具

1. 油漆桶工具的填充样式

油漆桶工具是一种用来更改填充区域颜色的填充工具，对于不闭合的填充区域也可以进行填充并自动地将不闭合区域闭合。油漆桶工具有五种填充样式，依次为："无、纯色、线性、放射状、位图"（通过"颜色"面板进行设置），如图 2-101 所示。

图 2-100　玫瑰花样式效果图

- "无"填充样式：不进行填充。
- "纯色"填充样式：填充一种单色。
- "线性"填充样式：是一种自左向右的渐变效果，效果如图 2-102 所示。
- "放射状"填充样式：是一种从里到外的渐变效果，效果如图 2-103 所示。
- "位图"填充样式：用选择的位图平铺填充区域。

图 2-101　填充模式　　　　图 2-102　线性填充　　　　图 2-103　放射状填充

2. 油漆桶工具的选项区

当单击工具箱中的"油漆桶工具"时，在工具箱中的选项区会出现两个按钮，依次为"空隙大小"和"锁定填充"。

（1）"空隙大小"　该按钮提供了四种填充模式可以选择：
- 不封闭空隙：选择该选项后，颜料桶不能填充有空隙的区域。
- 封闭小空隙：选择该选项后，允许颜料桶填充有小空隙的区域。
- 封闭中等空隙：选择该选项后，允许颜料桶填充有中等空隙的区域。
- 封闭大空隙：选择该选项后，允许颜料桶填充有大空隙的区域。

（2）"锁定填充"　该按钮用于控制渐变的填充方式，它只对渐变色或位图填充起作用。

任务实施

1. 设置文档属性

新建一个 Flash 文档，打开"属性"面板，将"舞台大小"设置为：宽为"550"，高为"400"。

2. 绘制矩形

1）选择"矩形工具"，将属性面板中的"笔触颜色"设置为"黑色"，"填充颜色"设置为"双色"，如图 2-104、图 2-105 所示。

图 2-104　属性面板设置笔触颜色　　　　　图 2-105　属性面板设置填充颜色

2）在颜色带上，将第一个"颜色块"设置为"黑色"，第二个"颜色块"设置为"红色"，如图 2-106 所示。

3）按住 Shift 和 Alt 键的同时，单击鼠标左键，绘制一个以起点为中心的正方形，如图 2-107 所示。

图 2-106　更改颜色块颜色　　　　　　　　图 2-107　正方形

3. 复制图形

1）单击"窗口"→"变形"菜单命令，打开变形面板，如图 2-108 所示。

2）在变形面板上，将长、宽比例更改为 85.0%，旋转角度更改为 60.0°，如图 2-109 所示。

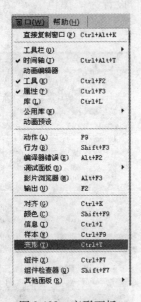

图 2-108　变形面板

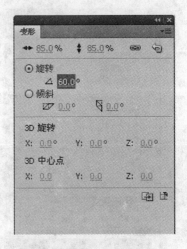

图 2-109　变形面板设置

3）多次单击"重制选区和变形"按键（见图 2-110），对矩形进行等比例缩小并旋转的操作，完成最后效果图的绘制。

 扩展知识

调整颜色带上的颜色块

1）调整颜色块区域：鼠标选中颜色块，移动即可，如图 2-111 所示。

2）交换颜色块区域：鼠标选中颜色块，交换移动位置即可，如图 2-112 所示。

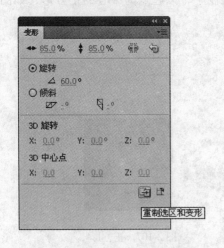

图 2-110　重制选区和变形

图 2-111　调整颜色块区域

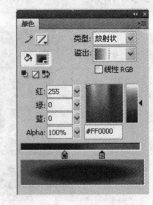

图 2-112　交换颜色块位置

任务三　绘制"钟表"图形

> **知识目标**：掌握位图填充及渐变填充的操作方法。
>
> **技能目标**：熟练掌握利用位图填充及渐变填充修改图形的操作技能。

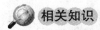 **任务描述**

　　时间是人类用以描述物质运动过程或事件发生过程的一个参数。本次任务是绘制钟表的图形，实例效果如图 2-113 所示。

任务分析

　　本项任务是绘制钟表图形，首先通过椭圆工具、变形工具、颜料桶工具等来绘制钟面，然后通过基本矩形工具和渐变变形工具等来绘制表框，通过本项任务的学习，灵活掌握使用变形面板制作图形以及利用颜色面板填充位图的方法。

图 2-113　钟表效果图

相关知识

1. 使用渐变和位图填充变形

通过调整填充的大小、方向或者中心，可以使渐变填充或位图填充变形。

1）从"工具"面板中选择"渐变变形"工具 ◢。如果在"工具"面板中看不到渐变变形工具，单击并按住任意变形工具，然后从显示的菜单中选择渐变变形工具。

2）单击用渐变或位图填充的区域。系统将显示一个带有编辑手柄的边框。当指针在这些手柄中的任何一个面的时候，它都会发生变化，显示该手柄的功能，如图 2-114 所示。

- 中心点：调整渐变中心的位置。中心点手柄的图标是一个空心的圆形。
- 焦点：仅在选择放射状渐变时才显示焦点手柄。焦点手柄的变换图标是一个倒三角形。
- 大小：大小手柄的变换图标（边框边缘中间的手柄图标）是内部有一个箭头的圆圈。
- 旋转：调整渐变的旋转。旋转手柄的图标（边框边缘底部的手柄图标）是一个带箭头的圆。
- 宽度：调整渐变的宽度。宽度手柄（方形手柄）的图标是一个矩形内部带有一个箭头。

图 2-114 中，A 为中心点，B 为焦点，C 为宽度，D 为大小，E 为旋转。按下 Shift 键可以将线性渐变填充的方向限制为 45°的倍数。

2. 用下面的方法更改渐变或填充的形状

（1）改变渐变或位图填充的中心点位置　拖动中心点，如图 2-115 所示。

（2）更改渐变或位图填充的宽度　拖动边框边上的方形手柄（此选项只调整填充的大小，而不调整包含该填充对象的大小），如图 2-116 所示。

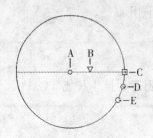

图 2-114　渐变填充

图 2-115　改变中心点位置

（3）更改渐变或位图填充的高度　拖动边框底部的方形手柄，如图 2-117 所示。

图 2-116　改变填充宽度

图 2-117　改变填充高度

（4）旋转渐变或位图填充　拖动角上的圆形旋转手柄，还可以拖动圆形渐变或填充边框最下方的手柄，如图 2-118 所示。

（5）缩放线性渐变或者填充　拖动边框中心的方形手柄，如图 2-119 所示。

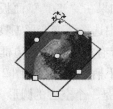

图 2-118　改变填充方向

图 2-119　缩放线性渐变

（6）更改环形渐变的焦点　拖动环形边框中间的圆形手柄，如图 2-120 所示。

（7）倾斜形状中的填充　拖动边框顶部或右边圆形手柄中的一个，如图 2-121 所示。

（8）在形状内部平铺位图　缩放填充，如图 2-122 所示。

图 2-120　改变环形渐变的焦点

图 2-121　倾斜形状填充

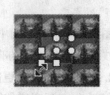

图 2-122　内部平铺位图

任务实施

1. 设置文档属性

新建一个 Flash 文档，打开"属性"面板，将"舞台大小"设置为：宽为"550"，高为"400"。

2. 绘制钟面

1）选择"椭圆工具"，将属性面板中的"笔触颜色"设置为"粉色"，"笔触高度"设置为"3"，"填充颜色"设置为"无"，按住 Shift 和 Alt 键的同时，绘制一个正圆形表盘，如图 2-123 所示。

2）如图 2-124 所示，选择"视图"→"标尺"菜单命令，显示标尺，如图 2-125 所示。

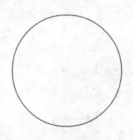

图 2-123　绘制正圆形表盘　　　　　　　　　　　图 2-124　标尺菜单命令

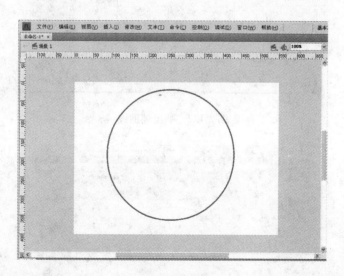

图 2-125　显示标尺

3）单击任意变形工具，选择椭圆，确定正圆形表盘的中心点，如图 2-126 所示。

4）鼠标分别单击标尺的横向坐标与纵向坐标，移出辅助线至中心点处以确定中心点，如图 2-127 所示。

5）选择"矩形工具"，在属性面板中，将"笔触颜色"设置为"无"，"填充颜色"设置为"紫色"，绘制一个矩形作为表的刻度，如图 2-128 所示。

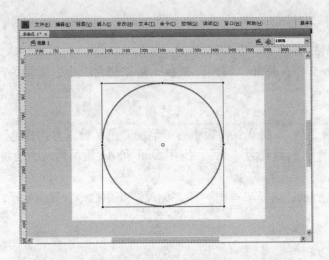

图 2-126　确定表盘中心

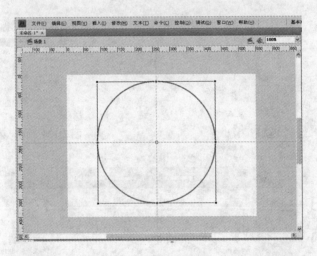

图 2-127　移出辅助线

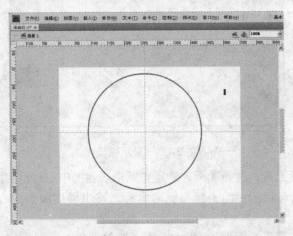

图 2-128　绘制刻度

6）将矩形刻度移入表盘内，如图 2-129 所示。

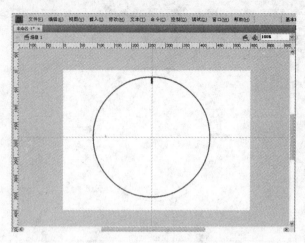

图 2-129 将刻度移入表盘

7）利用"任意变形工具"，确定矩形刻度的中心点，并将矩形中心点对准表盘的中心点，如图 2-130 所示。

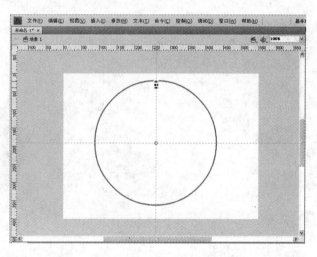

图 2-130 将刻度中心点对准表盘中心点

8）单击"窗口"→"变形"菜单命令，打开变形面板，在变形面板上，将旋转角度更改为 30.0°，长、宽比例不变，如图 2-131 所示。

9）多次单击"重制选区和变形"按键，绘制表盘中的刻度，如图 2-132 所示。

3. 绘制表针

选择矩形工具，绘制表针，如图 2-133 所示。

4. 填充颜色

选择"填充桶工具"，将"填充色"设置为"双色放射状"，颜色 1 为白色，颜色 2 为红色，将表盘填充颜色，如

图 2-131 设置变形面板属性

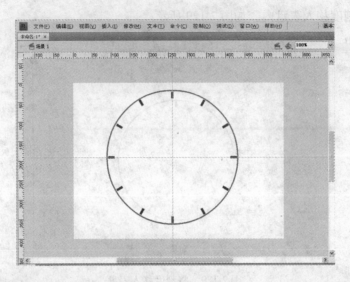

图 2-132　绘制全部刻度

图 2-134 所示。

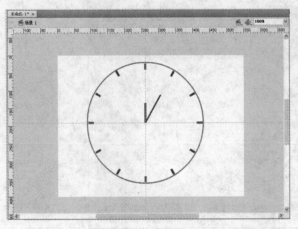

图 2-133　绘制表针

图 2-134　填充颜色的表盘

5. 绘制表框

1）选择"窗口"→"颜色"菜单命令，打开颜色面板，将"填充类型"设置为"位图"，单击"导入"按钮，打开"导入到库"对话框，选择"素材"→"模块二"→"单元二"中的"背景图"图片，导入位图，如图 2-135 所示。

2）选择"矩形工具"，在属性面板中，将"笔触颜色"设置为"紫色"，"笔触高度"设置为"5.00"，"矩形选项"设置为"15.00"，"填充颜色"设置为"导入的位图"，如图 2-136 所示。

3）按住鼠标左键，拖动到相应的大小后松手，在舞台中绘制一个矩形，如图 2-137 所示。

4）选择"渐变变形"工具，改变位图填充样式，调整后的矩形框如图 2-138 所示。

图 2-135　导入位图

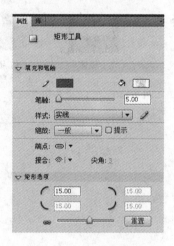

图 2-136　修改矩形属性

5）将表盘移入表框中，调整合适的位置，完成最后效果图。

图 2-137　填充位图的矩形框

图 2-138　调整后的矩形框

 技能操作练习

打开模块一中制作的"校园生活图片展"动画文件，利用绘图工具绘制下列图形。具体要求如下：

1）利用绘图工具绘制"希望之门"，如图 2-139 所示。

2）利用绘图工具绘制"希望之锁"，如图 2-140 所示。

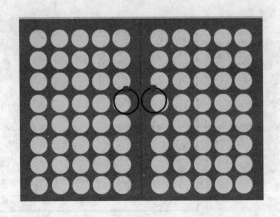

图 2-139　绘制"希望之门"

a）锁芯　　　　　b）锁体　　　　c）锁的整体外形

图 2-140　绘制"希望之锁"

模块三 创建和编辑文本

3

单元一 创建文本

任务一 创建"对联"静态文本

> **知识目标：**掌握静态水平、垂直文本的创建及其属性设置。
> **技能目标：**通过文本工具及其属性设置，掌握设置字体、大小、颜色、方向等操作技能。

任务描述

在 Flash 中为了突出主题，通常使用静态文本来表达动画的主题，因为静态文本在影片播放过程中是不会发生改变的。本次任务利用"对联"的形式，学习制作"静态水平文本"与"静态垂直文字"，效果如图 3-1 所示。

任务分析

本项任务学习使用"文本工具"创建静态文本，并对静态文本进行字体、大小、颜色、方向等属性设置，从而完成"对联"的制作。

图 3-1　对联

相关知识

1. 文本工具及属性设置

1）打开 Flash CS4 窗口，选择"文件"→"新建"菜单命令，在弹出的"新建文档"对话框中选择"Flash 文档"选项，单击"确定"按钮，进入新建文档舞台窗口。

2）选择"窗口"→"工具"或按快捷键"Ctrl + F2"，打开工具面板，如图 3-2 所示。

图 3-2　工具面板

3）在工具面板中选择 **T** "文本工具"，在属性面板中设置文本类型为"静态文本"，如图 3-3 所示。

4）在字符面板中，单击系列下拉列表  可以设置文字的字体，如图 3-4 所示。

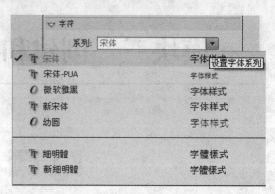

图 3-3　文本类型　　　　　　　　　　　　图 3-4　字体下拉列表

5）单击字符面板中大小后的 50.0 可以改变文字的大小，单击字符面板中字母间距后的 0.0 可以改变字母间距，如图 3-5 所示。

6）单击字符面板中"颜色" 可以改变文字颜色，如图 3-6 所示。

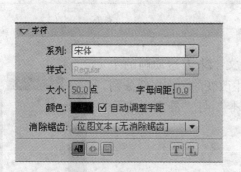

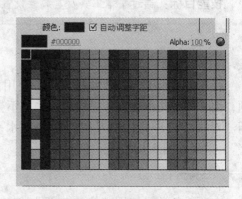

图 3-5　改变字符　　　　　　　　　　　　图 3-6　颜色展示

7）单击消除锯齿下拉列表 可以选择消除锯齿的类型，如图 3-7 所示。

- 使用设备字体：用本机上的字体显示。
- 位图文本（无消除锯齿）：不对文本进行平滑处理。
- 动画消除锯齿：创建较平滑的动画（字号小于 10 磅则不太清晰）。
- 可读性消除锯齿：创建高清晰的字体（动画效果较差）。

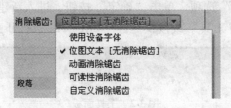

图 3-7　消除锯齿

8）在段落面板格式中，单选按钮：是左对齐、是居中对齐、是右对齐、是两端对齐；单击 可以设置上下间距及左右边距，如图 3-8 所示。

9）单击方向下拉列表 可以选择文字的方向，如图 3-9 所示。

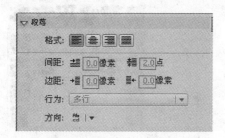
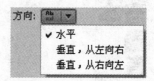

图 3-8 段落面板   图 3-9 文字方向

2. 创建静态水平文本

1）选择"文本工具"，可在属性面板中进行相应设置，如图 3-10 所示。

2）单击舞台左侧居中位置，并输入文字"静态水平文本"。当前状态表示，可以继续输入或更改文本内容，如图 3-11 所示。

3）在当前状态，将鼠标指针放在四个对角点上，可以改变文本框的宽度，效果如图 3-12 所示。

图 3-10 文本工具属性面板   图 3-11 静态水平文本   图 3-12 改变文本框宽度

4）在当前状态，将鼠标指针放在边框上，可以移动文本框的位置。

3. 创建静态垂直文本

1）单击舞台左侧，将方向改为"垂直，从左向右"，并输入文字"静态垂直文本"，效果如图 3-13 所示。

2）单击舞台左侧，将方向改为"垂直，从右向左"，并输入文字"静态垂直文本"，效果如图 3-14 所示。

3）在"选择工具"状态下，单击文本框，可以改变文本的位置，效果如图 3-15 所示。

图 3-13　从左到右　　　　图 3-14　从右到左　　　　图 3-15　移动位置

任务实施

1. 设置文档属性

新建一个 Flash 文档，打开"属性"面板，将"舞台大小"设置为：宽为"550"，高为"400"。

2. 创建对联

1）选择"矩形工具"，设置"填充颜色"为"红色"，在舞台上绘制三个矩形作为对联背景，效果如图 3-16 所示。

2）选择"文本"工具，设置文本属性：字体为"楷体_ GBP312"、大小为"40 点"、颜色为"黑色"，鼠标单击矩形拖拽文本框，输入文字"四季平安"，效果如图 3-17 所示。

图 3-16　对联背景　　　　　　　　　　图 3-17　四季平安

3）重复步骤 2），改变文字方向，输入文字：上联"平安如意人多福"和下联"天地和顺家添财"。

扩展知识

在 Flash CS4 中使用静态文本，并需要设置垂直文本的首选参数时，可执行如下操作：

1）执行"编辑"→"首选参数"菜单命令，打开"首选参数"对话框，切换至"文本"选项卡，以显示设置垂直文本首选参数的选项，如图 3-18 所示。

2）在"垂直文本"选项组中包括三个复选项：

● 默认文本方向：使创建的文本自动垂直排列。

● 从右至左的文本流向：使创建的垂直文本自动从右向左进行排列。

● 不调整字距：防止对垂直文本应用字距微调。该选项只针对于垂直文本有效，并不

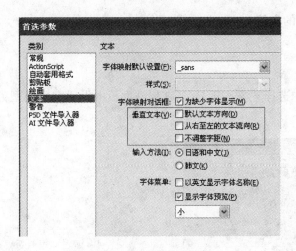

图 3-18 首选参数对话框

会影响水平文本中使用的字距微调。

3）当完成各项设置后，单击"确定"按钮完成应用设置。

任务二 创建"倒计时"动态文本

知识目标：掌握动态文本的创建及属性的设置。

技能目标：通过创建动态文本，结合动作脚本语句，掌握动态文本链接语句的操作技能。

任务描述

动态文本就是可以动态更新的文本，如体育得分、股票报价等，它是根据不同情况动态改变的文本，常用在游戏和课件作品中，用来实时显示操作运行的状态。本次任务主要学习制作"倒计时"动态文本，效果如图 3-19 所示。

图 3-19 "倒计时"效果图

任务分析

本项任务首先导入素材到舞台，创建静态文本，然后创建动态文本，输入动作脚本语句，制作"倒计时"的实例。

相关知识

创建动态文本

1）在工具面板中选择"文本工具"，在属性面板中设置文本类型为"动态文本"，效果如图 3-20 所示。

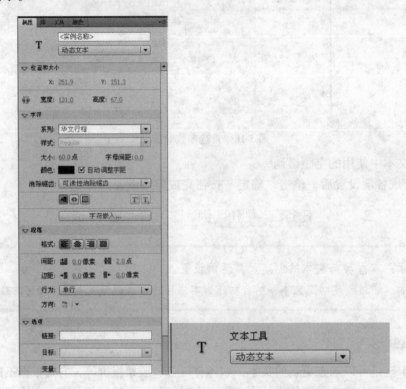

图 3-20　文本类型

2）可选：决定是否可以对动态文本框中的文本执行选择、复制、剪切等操作，按下表示可选。

3）将文本呈现为 HTML：决定动态文本框中的文本是否可以使用 HTML 格式，即使用 HTML 语言为文本设置格式。

4）在文本周围显示边框：决定是否在动态文本框周围显示边框。

5）变量：定义动态文本的变量名，可以控制动态文本框中显示的内容。

任务实施

1. 创建舞台背景

1）新建一个 Flash 文档，打开"属性"面板，将"舞台大小"设置为：宽为"550"，高为"400"。

2）选择"文件"→"导入"→"导入到舞台"，选择"素材"→"模块三"→"单元一"中的"任务二 背景.jpg"，单击"确定"按钮。

3）单击"背景"图片，打开属性面板，设置位图属性为：高度为"550.0"，宽度为"400.0"，效果如图3-21所示。

4）选择"文本工具"，在属性面板中进行设置，字体为"楷体 GB ＿ 2312"，字号为"60.0"，颜色为"粉色"，可读性消除锯齿，效果如图3-22所示。

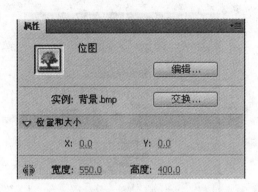

图3-21　设置位图属性

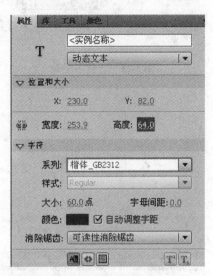

图3-22　设置文本工具属性

5）在舞台左上角位置，单击并输入文字"倒计时："静态水平文本，效果如图3-23所示。

6）选择时间轴"图层1"的第15帧，单击鼠标右键，选择"插入帧"或按快捷键F5，效果如图3-24所示。

图3-23　静态水平文本效果

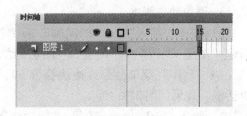

图3-24　插入帧

2. 创建动态文本

1）选择"插入"→"时间轴"→"图层"，插入一个新的图层2，效果如图3-25所示。

2）选择"文本工具"，在舞台上单击拖拽一个空白文本框，效果如图3-26所示。

3）单击"变量" 变量：██████████ 后面的灰色文本框，效果如图3-27所示。

4）单击"发布设置"按钮，打开"发布设置"对话框，选择"Flash"选项，将脚本更改为"Action Script 2.0"，效果如图3-28所示，单击"确定"按钮。

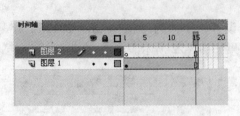

图 3-25　新建图层 2

图 3-26　拖拽一个空白文本框

图 3-27　功能限制

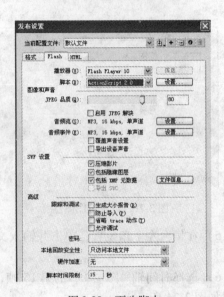

图 3-28　更改脚本

5）设置完成后，变量文本框更改为可输入状态，输入"delaytime"，效果如图 3-29 所示。

3. 添加动作脚本

1）选择"插入"→"时间轴"→"图层"菜单命令，新建"图层 3"，单击"图层 3"图层的第 1 帧，选择"窗口"→"动作"菜单命令或按快捷键 F9，打开"动作-帧"对话框，效果如图 3-30 所示。

2）输入"delaytime = 10"，关闭动作面板。

3）单击"图层 3"的第 15 帧，选择"窗口"→"动作"菜单命令或按快捷键 F9，打开"动作-帧"对话框，输入：

```
if（delaytime = 0）{

gotoandstop（2）

} else  {delaytime = delaytime-1 ;

gotoandplay（2）}
```

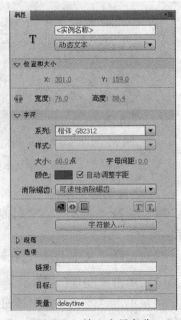

图 3-29　输入变量名称

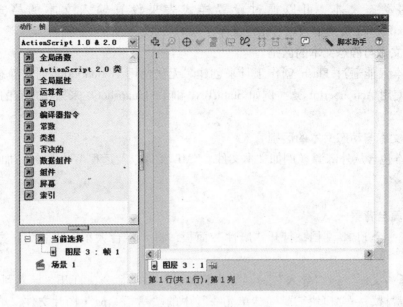

图 3-30　"动作-帧"对话框

4）选择"控制"→"测试影片"菜单命令或按快捷键"Ctrl + Enter"，测试动画效果。

任务三　创建"加法运算"输入文本

> **知识目标**：掌握输入文本的创建及其属性设置。
> **技能目标**：通过输入文本及其属性设置，掌握静态文本、动态文本、输入文本综合应
> 　　　　　　　用的技能。

 任务描述

利用输入文本，可以将文本输入到表单或调查表中，并可以利用输入的数据进行运算。在 Flash 中，静态文本、动态文本、输入文本的使用是相辅相成的。本项任务将这几种文本样式综合起来，完成一个加法运算的实例，效果如图 3-31 所示。

任务分析

本项任务首先利用静态文本，创建文字：
加法运算、数 a、数 b、等于；再利用动态文
本，创建最后生成数据的文本框；最后输入文
本，创建数 a 和数 b 的文本框。添加动作脚本，
完成加法运算器的创建。

相关知识

1. 输入文本

输入文本是指用户输入的任何文本或用户

图 3-31　加法运算

可以编辑的动态文本。可以通过设置样式表来设置输入文本的格式，或使用 flash. text. TextFormat 类为输入内容指定文本字段的属性。

2. 输入文本与静态文本的区别

静态文本只能通过 Flash 创作工具来创建。无法使用 ActionScript 创建静态文本实例。但是，可以使用 ActionScript 类（例如 StaticText 和 TextSnapshot）来操作现有的静态文本实例。

3. 输入文本与动态文本的区别

动态文本包含从外部源（例如文本文件、XML 文件以及远程 Web 服务）加载的内容。

任务实施

1. 创建舞台背景

1）新建一个 Flash 文档，打开"属性"面板，将"舞台大小"设置为：宽为"550"，高为"400"。

2）选择"文件"→"导入"→"导入到舞台"菜单命令，打开"导入到舞台"对话框，选择"素材"→"模块三"→"单元一"中的"房子.jpg"图片文件，单击"确定"按钮。

3）在舞台中单击"房子"图片，打开属性面板，设置位图属性为：高度为"550.0"，宽度为"400.0"，效果如图 3-32 所示。

2. 创建静态文本

1）选择"文本工具"，在属性面板中进行设置，类型为"静态文本"，字体为"宋体"，字号为"30.0"，颜色为"绿色"，动画消除锯齿，效果如图 3-33 所示。

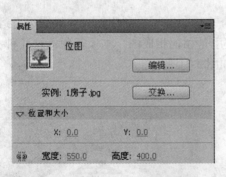

图 3-32　设置"位图属性"　　　　　　图 3-33　设置静态文本

2）在舞台上，单击适当的位置，输入文字"加法运算"、"数 a"、"数 b"、"等于"。效果如图 3-34 所示。

3. 创建动态文本

1）选择"文本工具"，在属性面板中进行设置，类型为"动态文本"，字体为"宋

图3-34 输入文字

体"，字号为"30.0"，颜色为"绿色"，动画消除锯齿，效果如图3-35所示。

2）单击舞台，拖拽一个动态文本框，效果如图3-36所示。

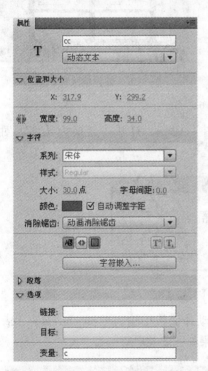

图3-35 设置动态文本

图3-36 创建动态文本框

4. 创建输入文本

1）选择"文本工具"，在属性面板中进行设置，类型为"输入文本"，字体为"宋体"，字号为"30.0"，颜色为"绿色"，动画消除锯齿，效果如图3-37所示。

2）单击舞台，分别在"数 a:"、"数 b:"后拖拽一个输入文本框，效果如图3-38所示。

3）选择"数 a"后面的文本框，在"属性"面板中将实例名称设置为"aa"，变量为"a"，选择"数 b"后面的文本框，在"属性"面板中将实例名称设置为"bb"，变量为"b"，选择"等于"后面的文本框，在"属性"面板中将实例名称设置为"cc"，变量为"c"。

图 3-37　设置输入文本

图 3-38　创建输入文本框

5. 创建按钮

1）鼠标右键单击"等于"，选择"转换为元件"命令，打开"转换为元件"对话框，类型为按钮，如图 3-39 所示，单击"确定"按钮。

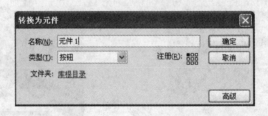

图 3-39　"转换为元件"对话框

2）鼠标右键单击"等于"，选择"动作"，在动作面板中输入"on（press）{cc. text = Number（ aa. text） + Number（ bb. text）}"，效果如图 3-40 所示。

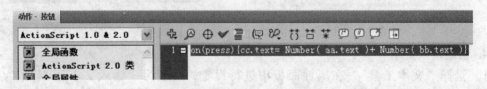

图 3-40　脚本输入

6. 测试影片

1）选择"控制"→"测试影片"菜单命令，在"数 a"文本框中任意输入一个整数，在"数 b"文本框中任意输入一个整数。

2）单击"等于"按钮，查看最后显示结果是否正确。

单元二　编辑文本

任务一　创建镂空文市

> 知识目标：掌握文本工具与墨水瓶等工具的综合运用。
>
> 技能目标：通过文本工具及其属性设置，掌握镂空文本特殊效果的技能。

任务描述

镂空文本这种效果经常在电视和电影中看到，那么这种镂空文本是怎样创建的呢？本次任务是制作镂空文本，效果如图 3-41 所示。

图 3-41　镂空文本

任务分析

要设置文本的镂空效果，首先将文本分离为填充图形，然后使用墨水瓶工具为文本添加轮廓线，最后将文本填充删除，只保留其轮廓线。

相关知识

墨水瓶工具

1）在"工具"面板中选择墨水瓶工具，在"属性"面板中会显示该工具的可设置属性，如图 3-42 所示。

2）在墨水瓶工具"属性"面板中可以设置笔触的颜色、宽度、样式属性。

3）在舞台中选择对象，即可改变对象的属性。

图 3-42　墨水瓶工具

任务实施

1. 创建文本

1）选择"文本工具"或按快捷键"T"，在文本属性面板中设置大小为"120"。

2）在舞台左侧单击拖拽一个文本框，输入文字"求知笃技"，效果如图 3-43 所示。

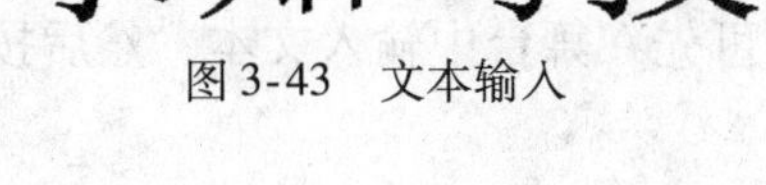

求知笃技

图 3-43　文本输入

3）单击文字，将文字移动到舞台居中位置上，连续按两次"Ctrl + B"键，将文字打散。

4）单击舞台其他位置，取消对文字的选择。

2. 创建镂空文字

1）选择"墨水瓶工具"，在墨水瓶属性面板中设置颜色为"#FF00FF"，效果如图 3-44 所示。

2）选择"选择工具"，选择全部文字内容。

3）选择"墨水瓶工具"，在文字的笔画上添加轮廓，效果如图 3-45 所示。

图 3-44　墨水瓶工具属性面板 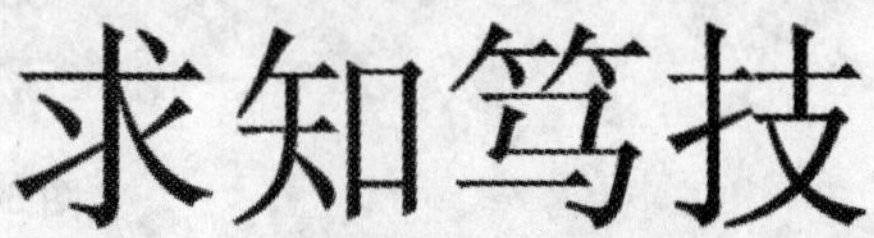　　　　　　　　　　图 3-45　添加轮廓效果

4）选择文字内部填充部分，单击 Delete 键，删除选择的文字内容。完成镂空文字制作。

任务二　创建填充文本

> **知识目标：**掌握文本工具与颜色面板等工具的共同运用。
> **技能目标：**通过文本工具及其相关属性设置，掌握填充文本特殊效果的技能。

任务描述

对于分离为填充图形的文本，不仅可以改变其形状，而且可以设置其填充效果，对其进行渐变填充、位图填充等操作，使文字产生某些特殊效果。本次任务是制作填充文本，效果如图 3-46 所示。

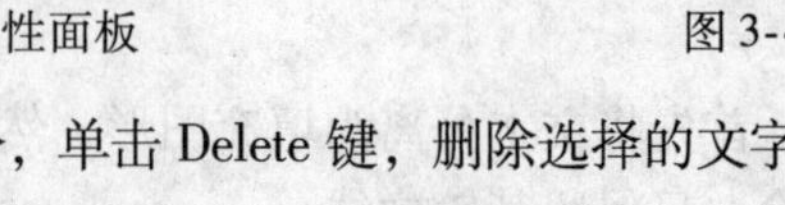

敬业创新

图 3-46　填充文本

任务分析

要设置文本的填充效果，可先在舞台中输入文本，然后按两次"Ctrl + B"键将文字进

行分离，最后在"颜色"面板中选择需要的填充方式对文本进行填充即可。

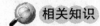 **相关知识**

颜色面板

1）选择"窗口"→"颜色"菜单命令，打开"颜色"属性面板，如图 3-47 所示。

2）在舞台中选中对象，选择"颜色"面板右上角的选项菜单按钮 ，打开该面板的选项菜单。

3）颜色模式有：RGB、HSB 两种模式，指定颜色模式后，面板中的选项将随之发生变化。

4）RGB 颜色模式，可分别设置"红"、"绿"、"蓝"数值；HSB 颜色模式，可分别设置"色相"、"饱和度"、"亮度"数值。

5）类型有：纯色、线性、放射状、位图，指定类型后，对象填充的颜色发生变化。

6）Alpha：指定颜色的透明度，取值范围为 0% ~ 100%，0% 表示完全透明，100% 表示完全不透明。右侧文本框中可以输入颜色的十六进制值。

图 3-47 颜色属性面板

任务实施

1. 创建文本

1）选择"文本工具"，在文本属性面板中设置大小为"120"。

2）在舞台左侧单击拖拽一个文本框，输入文字"敬业创新"，效果如图 3-48 所示。

3）单击文字，将文字移动到舞台居中位置上，连续按两次"Ctrl + B"键，将文字打散。

敬业创新

图 3-48 文本输入

2. 填充文本

1）选择"窗口"→"颜色"菜单命令或按快捷键"Shift + F9"，打开"颜色"属性面板，在"类型"中选择"位图"，效果如图 3-49 所示。

2）在弹出的"导入到库"对话框中，选择"素材"→"模块三"→"任务二"中的"任务二素材"图片文件，如图 3-50 所示，单击"打开"按钮。

3）单击舞台其他位置，取消对文字的选择，完成最终效果。

图 3-49 颜色属性面板

图 3-50　"导入到库"对话框

任务三　创建立体字

知识目标：掌握文本的分离及其属性设置。
技能目标：通过创建镂空文本，掌握使用立体字特殊效果的技能。

任务描述

在学习了镂空文本特殊效果之后，在此基础之上，可以使文字更具有立体感，本次任务是制作立体字，效果如图 3-51 所示。

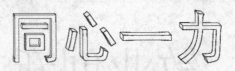

图 3-51　立体字

任务分析

要使文字更具有立体感，先将文本分离为填充图形，使用墨水瓶工具为文本添加轮廓线，然后将文本填充删除，只保留其轮廓线，形成镂空文字。复制镂空文字，移动它的位置，连接各镂空文字的端点，最后删除多余线条。

任务实施

1. 创建文本

1）选择"文本工具"，在文本属性面板中设置字体为"黑体"、大小为"120"。

2）在舞台左侧单击拖拽一个文本框，输入文字"同心一力"，效果如图 3-52 所示。

3）单击文字，将文字移动到舞台居中位置上，连续按两次"Ctrl + B"键，将文字打散。

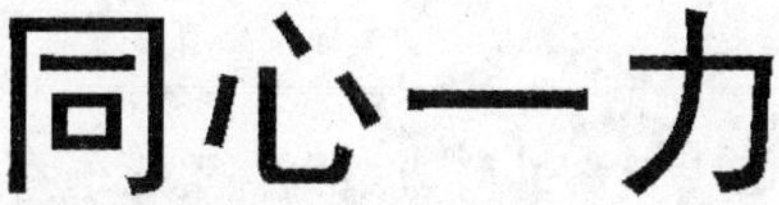

同心一力

图 3-52　文本输入

2. 创建镂空文字

1）选择"墨水瓶工具"，在墨水瓶属性面板中设置颜色为"#0000FF"。

2）选择"墨水瓶工具"，在文字的笔画上添加轮廓，效果如图 3-53 所示。

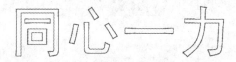

图 3-53　添加轮廓效果

3）单击 Delete 键，删除文字填充色，效果如图 3-54 所示。

图 3-54　删除文字填充色效果

3. 创建立体字

1）选择"选择工具"，将文字选中，选择"编辑"→"复制"菜单命令或按"Ctrl + C"键。

2）选择"编辑"→"粘贴到当前位置"菜单命令，按向下、向右方向键各五次，效果如图 3-55 所示。

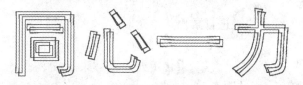

图 3-55　移动文字内容

3）选择"线条工具"，将两个文字轮廓的端点进行连接，效果如图 3-56 所示。

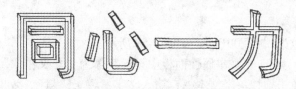

图 3-56　端点连接

4）删除多余线条，完成创建立体字。

任务四　创建荧光文本

> **知识目标**：掌握将文本工具与线条转换为填充、柔化填充边缘等工具的综合运用。
> **技能目标**：通过文本分离后的相关属性设置，掌握使用荧光文本特殊效果的技能。

任务描述

大家可能都见过萤火虫，夜里它在空中发出微弱的荧光是那么的美丽。当你学习 Flash CS4 后，就可以创建出像萤火虫一样的荧光文本，效果如图 3-57 所示。

图 3-57　荧光文本

任务分析

在将文本分离为填充图形后，用户还可以使用墨水瓶工具为其添加轮廓线，然后通过对文字边线进行柔化处理，生成具有霓虹灯效果的荧光文字。

相关知识

1. 将线条转换为填充

作用：将选择的线条转换为可以填充的形状。

操作方法：先选择线条，选择"修改"→"形状"→"将线条转换为填充"菜单命令。

2. 柔化填充边缘

作用：将所选择的线条边缘进行柔化并填充形状。

操作方法：

1）选择"修改"→"形状"→"柔化填充边缘"菜单命令。

2）设置被柔化填充边缘的距离、步骤数。

3）设置扩展，即向外柔化；设置插入，即向内柔化。

任务实施

1. 创建文本

1）设置舞台颜色为"#FF00FF"，如图 3-58 所示。

2）选择"文本工具"，在文本属性面板中设置字体为"华文中宋"，大小为"120"。

3）在舞台左侧单击拖拽一个文本框，输入文字"漫天飞舞"，效果如图 3-59 所示。

4）单击文字，将文字移动到舞台居中位置上，连续按两次"Ctrl + B"键，将文字打散。

5）单击舞台其他位置，取消对文字的选择。

图 3-58　设置舞台颜色　　　　　　　　　　　图 3-59　文本输入

2. 创建荧光文字

1）选择"墨水瓶工具"，在墨水瓶属性面板中设置颜色为"#FFFF00"。

2）选择"选择工具"，选择全部文字内容。

3）选择"墨水瓶工具"，在文字的笔画上添加轮廓，效果如图 3-60 所示。

图 3-60　添加轮廓效果

4）单击 Delete 键，删除文字填充颜色，效果如图 3-61 所示。

图 3-61　删除文字填充颜色

5）选择字体轮廓，效果如图 3-62 所示。

图 3-62　选择字体轮廓

6）选择"修改"→"形状"→"将线条转换为填充"菜单命令，效果如图 3-63 所示。

图 3-63　将线条转换为填充

7）选择"修改"→"形状"→"柔化填充边缘"菜单命令，设置如图 3-64 所示。

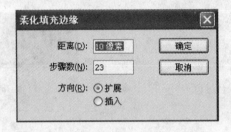

图 3-64　"柔化填充边缘"对话框

8）选择"确定"按钮，完成实例制作。

任务五　创建文本链接

知识目标：了解创建链接文本的方法。
技能目标：熟练掌握创建文本链接的操作技能。

📖 任务描述

在浏览网页中，可以从一个网页跳转到另一个网页，在 Flash CS4 中，可以将水平文本链接到 URL，从而在单击该文本时可以跳转到其他的文件。本次任务就是创建文本链接，效果如图 3-65 所示。

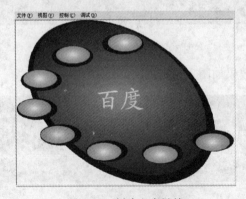

图 3-65　创建文本链接

任务分析

要将水平文本链接到 URL，可使用文本工具选择文本块中的部分文本，或使用选择工具从舞台中选择一个文本块，然后在"属性"面板的"链接"文本框中输入希望将文本块链接到的 URL。

相关知识

文本属性面板中"选项"的设置

1. 链接

用于输入该文本的超级链接地址。

2. 目标

用于指定如何显示打开的超级链接内容，默认目标为"_self"。

（1）_blank　在一个新的、未命名的浏览器窗口中装载一个链接到的网页。

（2）_parent　在包含该链接的框架结构或窗口中装载链接到网页。如果包含该链接的框架没有父框架结构，链接的网页将装入一个浏览窗口。

（3）_self　将连接到的网页装载到包含这个链接的框架或窗口中。

（4）_top　将链接到的网页装载到整个浏览器窗口中，从而移除所有的框架。

任务实施

1. 创建文本

1）选择"文件"→"导入"→"导入到舞台"菜单命令或按快捷键"Ctrl + R"，打开"导入到库"对话框，选择"素材"→"模块三"→"单元二"→"任务五　素材.jpg"文件，在属性面板中设置高度为"550.0"，宽度为"400.0"，位置 X 为"0.0"，Y 为"0.0"，效果如图 3-66 所示。

2）选择"文本工具"，在文本属性面板中设置字体为"楷体_GB2312"、大小为"60.0"、颜色为"四周圆点颜色"。

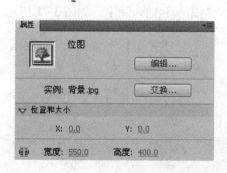

图 3-66　位图属性面板

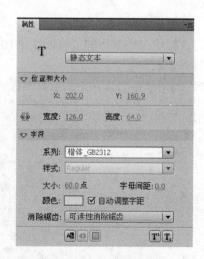

图 3-67　文本属性设置

3）在舞台左侧单击拖拽一个文本框，输入文字"百度"。

2. 创建文本链接

1）选择"百度"文本，在"选项"→"链接"中，输入"http：//www. baidu. com"，效果如图 3-68 所示。

2）选择"控制"→"测试影片"菜单命令，在影片中单击"百度"，打开网页。

图 3-68　链接输入框

 扩展知识

1. 添加电子邮件链接

1）将素材"背景"，导入到舞台，选择"文本"工具，输入"黑龙江技师学院"，效果如图 3-69 所示。

2）选择文本，在链接中输入"mailto：hljjsxy@ 126. com"，效果如图 3-70 所示。

图 3-69　文本输入

图 3-70　选项设置

2. 发布 HTML 测试电子邮件链接。

选择"文件"→"发布预览"→"HTML"，单击文本。

 技能操作练习

打开模块二中制作的"校园生活图片展"动画文件，利用文本工具制作对联和静态文字。具体要求如下：

1）利用绘图工具和文本工具制作"对联"，绘制矩形和输入文字，如图 3-71 所示。

图 3-71　绘制矩形和输入文字

2）利用文本工具制作"静态文字"，如图 3-72 所示。

战
士
之
熔
炉

技
工
之
摇
篮

图 3-72 制作静态文字

3）制作"柔化填充边缘"字。

技师学院欢迎您

图 3-73 制作柔化填充边缘字

模块四 编辑对象

4

单元一 **对象的选择**

任务一 从汽车风景图中取出汽车

> **知识目标：** 了解分离命令的用途、用法。
> **技能目标：** 掌握选择、缩放、橡皮擦、手形工具的使用方法并从图片中取出部分对象。

 任务描述

在制作 Flash 动画时，经常用到一些图片中已存在的素材，这时就需要从图片中取出自己需要的素材。本项任务要求从一幅美丽的汽车风景图片中，取出汽车并进行简单的复制操作，效果如图 4-1 所示。

任务分析

本项任务是利用选择、缩放、橡皮擦、手形工具取出汽车，并完成汽车的移动、复制的操作过程。

图 4-1　效果图

相关知识

分离命令可以把一幅完整的图像、文字或者实例打散成许多小点，方便进行剪切、填充等编辑操作。这些小点在选中的情况下才会显示，打散后的图像与原图像从外观上看并没有区别。

打散图像步骤：

1）选择"文件"→"导入"→"导入到舞台"或"导入到库"菜单命令，在打开的"导入"对话框，选择一幅图像导入到舞台或库中。

2）选中要打散的图像。

3）选择"修改"→"打散"菜单命令，或按快捷键"Ctrl + B"打散图像。

任务实施

1. 导入素材

1）打开 Flash CS4 窗口，新建 Flash CS4 文档，按"Ctrl + F3"键，打开"属性"面板，

将宽度设为"550"，高度设为"400"。

2）单击"窗口"→"库"菜单命令，调出"库"面板，选择"文件"→"导入"→"导入到库"菜单命令。打开"导入到库"对话框，选择"素材"→"模块四"→"单元一"中的"汽车.jpg"文件，单击"打开"按钮，将文件导入到"库"面板中，如图4-2所示。

3）将"库"面板中的位图"汽车"拖拽到舞台窗口中。选择位图"属性"面板，使图片与"舞台大小"相同并位于窗口的正中位置，效果如图4-3所示。

2. 从汽车风景图中取出汽车

1）在舞台中，选中图片"汽车.jpg"，按快捷键"Ctrl+B"将其打散，效果如图4-4所示。在舞台的空白区域单击鼠标左键，取消图片的选择。

图4-2 "库"面板　　　　图4-3 调整图片位置　　　　图4-4 图片打散

2）单击工具箱中的"选择工具"，在舞台中"汽车"图片左上角的起始位置，单击鼠标左键开始拖动，框选汽车图片中没有汽车的上半部分，并单击"编辑"→"清除"菜单命令，效果如图4-5所示。

3）使用工具箱中的"选择工具"，在舞台中"汽车"图片右下角的起始位置，单击鼠标左键开始拖动，框选汽车图片中没有汽车的下半部分，并单击"编辑"→"清除"菜单命令（或按键盘上的 Delete 键），效果如图4-6所示。

图4-5 清除图片的上半部分　　　　图4-6 清除图片的下半部分

4）使用工具箱中的"选择工具"，依次框选舞台中"汽车"图片的背景颜色并按键盘上的 Delete 键清除，效果如图4-7所示。

5）单击工具箱中的"缩放工具"，在工具箱底部的选项区单击"放大"按钮，在舞台中的工作区单击鼠标左键两次，将缩放比例设置为"400%"（可以根据需要自行调整缩放比例），效果如图 4-8 所示。

图 4-7　清除背景颜色　　　　　　　　　　　　图 4-8　放大图片

6）单击工具箱中的"橡皮擦工具" ，在舞台中剩余的"汽车"图片的背景颜色区域拖动，擦除背景颜色（在擦除过程可以根据擦除的区域不同，设置工具箱底部选项区中的橡皮擦形状），同时也可以单击工具箱中的"手形工具" 进行图片的移动。

> **提示**　　在擦除过程中，如果发生了误操作，擦除了不应该擦除的区域，可以按快捷键"Ctrl + Z"或单击"编辑"→"撤销"菜单命令撤销擦除操作。

7）单击工具箱中的"缩放工具" ，在工具箱底部的选项区单击"缩小"按钮，在舞台中的工作区单击鼠标左键两次，将缩放比例设置为"100%"，效果如图 4-9 所示。

8）单击工具箱中的"选择工具"，在汽车上单击鼠标左键选中取出的汽车，如图 4-10 所示。将汽车拖动到舞台的左上角，并按住 Ctrl 键不放拖动复制出另外一辆汽车并将汽车拖动到舞台的右下角，到此从汽车风景图中取出汽车并复制的任务制作完成。

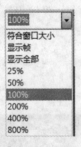

图 4-9　缩小　　　　　　　　　　　　　　　　图 4-10　取出的汽车

任务二　从人物生活照中取出人物

> **知识目标**：了解套索工具的用途、用法。
> **技能目标**：掌握套索、选择、任意变形工具的使用方法，在实例制作过程中学会从图片中取出部分对象的操作技能。

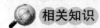

任务描述

本项任务要求从一幅唯美的人物生活照图片中取出人物，为后期动画制作采集素材，效果如图 4-11 所示。

任务分析

本项任务是利用套索、橡皮擦工具取出人物，再利用任意变形工具完成人物变形操作。

相关知识

图 4-11　效果图

1. 套索工具

"套索工具" 用于选择不规则的选区，单击工具箱中"套索工具"后，在工具箱选项区会出现三个按钮，依次分别为"魔术棒" 、"魔术棒设置" 、"多边形" ，如图 4-12 所示。

> **提示**
>
> 套索工具选择的对象必须是矢量图形或经过分离的对象。

（1）魔术棒 　用于选取颜色相近区域，可以先设置魔术棒属性。

（2）魔术棒设置 　在弹出的"魔术棒设置"对话框中有两个选项分别为"阈值"和"平滑"，如图 4-13 所示。

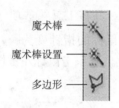

图 4-12　选项区按钮

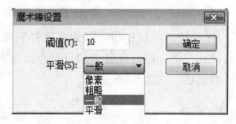

图 4-13　魔术棒设置

1）阈值：用于定义魔术棒相邻像素包含在所选区域内必须达到的颜色接近程度，数值介于 0 和 200 之间，数值越大，所选取的相邻颜色越多。如果输入"0"，则只选择与单击鼠标左键的第一个像素的颜色完全相同的像素。

2）平滑：用于设定所选区域边缘的平滑程度，它有四个选项，依次为像素、粗略、一般、平滑，如图 4-13 所示。

（3）多边形 　可以用直线形成封闭的多边形选区。

> **提示**
>
> 单击"多边形模式"按钮，可以在不规则（曲线）和直线选择模式之间切换。

2. 套索工具用法

（1）选取颜色相近区域　单击工具箱中的"套索工具" ，并在工具箱选项区按下"魔术棒" 按钮，将鼠标指针移到要选择对象的某个位置，当鼠标的指针变为 魔术棒形状时，单击鼠标左键，即可将单击鼠标左键位置的第一个像素的颜色及与该颜色相近的区域选中，如图 4-14 所示。

> 提示　颜色的相似度及选区边缘的平滑度是通过"魔术棒设置" 中的阈值和平滑进行设置的。

（2）选取不规则区域　单击工具箱中的"套索工具" ，将鼠标指针移到要选择对象的某个位置，当鼠标指针变为 套索形状时，按住鼠标左键并拖动，就会拖出一条细黑色的曲线，松开鼠标后，会自动封闭起始点，使其形成封闭曲线，如图 4-15 所示。

蓝色天空被选中

图 4-14　选取颜色相近区域

图 4-15　选取不规则区域

（3）选取直边区域　单击工具箱中的"套索工具" ，并在工具箱选项区按下"多边形" 按钮，将鼠标指针移到要选择对象的某个位置，当鼠标的指针变为 套索形状时，单击鼠标左键，然后在各个顶点处单击鼠标左键，并在终点位置双击鼠标左键即可完成直边选区的创建，如图 4-16 所示。

> 提示　当需要创建的选区中既存在不规则选择区域也存在直边选择区域时，单击工具箱中的"套索工具" ，将鼠标指针移到要选择的对象某处，当鼠标指针变为套索形状时，如果先要绘制一条不规则线段，则在舞台上拖动鼠标左键，如果其次要绘制直线段，则按住 Alt 键，然后单击需要设置的每条线段的起点和终点，绘制完成后双击起始端封闭选区，完成选区的创建，如图 4-17 所示。

图 4-16　选取直边区域

图 4-17　选区的创建

任务实施

1. 导入素材

1）打开 Flash CS4 窗口，新建 Flash CS4 文档。按"Ctrl + F3"键，打开"属性"面板，将舞台窗口的宽度设为"623.0"，高度设为"766.4"。

2）单击"窗口"→"库"菜单命令，调出"库"面板，选择"文件"→"导入"→"导入到库"菜单命令，打开"导入到库"对话框，选择"素材"→"模块四"→"单元一"中的"人物.jpg"文件，单击"打开"按钮，将文件导入到"库"面板中，如图 4-18 所示。

3）将"库"面板中的位图"人物"拖拽到舞台窗口中。选择位图"属性"面板，将宽度设为"623.0"，高度设为"766.4"，如图 4-19 所示，使图片位于窗口的正中位置。

图 4-18 "库"面板

图 4-19 设置图片属性

2. 从人物生活照中取出人物

1）在舞台中，选中图片"人物.jpg"，按快捷键"Ctrl + B"将其打散，效果如图 4-20 所示。在舞台的空白区域单击鼠标左键，取消图片的选择。

2）将工作区中的窗口显示比例设置为"150%"（有两种设置方法：可以在选项卡中直接输入显示比例的数值或单击 ▼ 按钮在下拉列表框中选择要设置的显示比例），如图 4-21 所示。

图 4-20 图片打散

图 4-21 设置显示比例

3）单击工具箱中的"套索工具" ⌀，将鼠标指针移到要选择人物的某个位置，当鼠标指针变为 ⌀ 套索形状时，按住鼠标左键并拖动，拖出一条细黑色的曲线，效果如图 4-22 所示。

提示　在使用鼠标拖动时，应尽量紧贴人物的边缘进行拖动，原则是可以多选不能少选，多选后可以使用"橡皮擦"工具擦除多余部分。

4）一直拖动鼠标到起始处松开鼠标，封闭起始点，使人物形成封闭曲线，人物被选中，效果如图 4-23 所示。

图 4-22　套索工具的应用　　　　　　　　　　图 4-23　选中人物

提示　如果想保留人物的背景，不能在取出人物的原图中擦除多余部分，否则会擦掉原背景。

5）在被选中的人物区域单击鼠标右键，在弹出快捷菜单中选择"转换为元件"，弹出"转换为元件"对话框，将"名称"改为"人物"、"类型"为"图形"，如图 4-24 所示，单击"确定"按钮。

6）单击工具箱中的"选择工具"，在舞台中"人物.jpg"图片的左上角拖动鼠标到图片的右下角，框选整个图片。单击"修改"→"组合"菜单命令，使分离的图片成组，如图 4-25 所示。

7）单击时间轴上的"新建图层"  按钮，新建一个图层"图层 2"，单击"图层 2"将其更名为"人物"，如图 4-26 所示。

图 4-24　"转换为元件"对话框　　　图 4-25　组合命令　　　图 4-26　新建图层

8）单击"窗口"→"库"菜单命令，调出"库"面板，将"库"面板中的图形元件"人物"拖拽到舞台窗口如图 4-27 所示位置。

9）在舞台中，选中实例"人物"，单击"修改"→"分离"菜单命令将人物分离。将工作区中的窗口显示比例设置为"200%"，效果如图 4-28 所示。

图 4-27　拖拽人物位置

图 4-28　分离及调整显示比例

10）单击工具箱中的"橡皮擦工具" ，在取出人物有背景色的边缘区域拖动，擦除背景颜色（在擦除过程可以根据擦除的区域不同，设置工具箱底部选项区中的橡皮擦形状）。同时也可以单击工具箱中的"手形工具" 进行图片的移动，效果如图 4-29 所示。

11）单击工具箱中的"选择工具"，在被选中的人物区域单击鼠标右键，在弹出的快捷菜单中选择"转换为元件"，弹出"转换为元件"对话框，将"名称"改为"人物1"、"类型"为"图形"，如图 4-30 所示，单击"确定"按钮。

图 4-29　用手形工具移动图片

图 4-30　"转换为元件"对话框

12）将工作区中的窗口"显示比例"设置为"100%"，在选中实例"人物1"的情况下，单击"修改"→"变形"→"任意变形"菜单命令，如图 4-31 所示。此时实例"人物1"上会出现 8 个黑色的控制点，将鼠标移动到右上角黑色的控制点上，按住键盘上的 Shift 键的同时拖动鼠标，实现"人物1"的等比例缩放，效果如图 4-32 所示。到此完成从人物生活照中取出人物的任务。

图 4-31　任意变形命令

图 4-32　等比例缩放

> **提示**　人物变形后，人物的大小有可能会超出图片，此时可以再一次将"人物1"分离，使用工具箱中的"选择工具"将多余部分框选，再按键盘上的 Delete 键将多余部分删除。

单元二　对象的复制、移动和删除

任务一　绘制"花"图形

> **知识目标：**了解移动、复制对象的作用及移动对象相对应的工具。
> **技能目标：**掌握对象的选择、移动、复制，在实例制作过程中学会绘制、移动、复制对象。

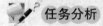 **任务描述**

"墙角数枝梅，凌寒独自开。遥知不是雪，为有暗香来。"每每看到梅花总是不由得想起北宋文学家王安石的诗句，总是被梅花不畏严寒霜冻，超凡脱俗的高洁和坚强不屈的性格所吸引。此项任务要求导入背景素材，在背景素材上绘制傲雪梅花，效果如图 4-33 所示。

图 4-33　效果图

任务分析

本项任务是使用椭圆工具、选择工具、移动工具绘制一朵傲雪梅花，再利用复制工具及设置属性面板制作朵朵梅花。

 相关知识

当需要移动或复制一个对象时，必须先选中它才可以对其进行移动、复制。在本模块"单元一 对象的选择 任务一 从汽车风景图中取出汽车"的相关知识中，介绍了"选择工具"有四种用法，其中第三种是移动对象，第四种是复制对象。现在就详细介绍利用"选择工具"如何进行对象的移动、复制。

1. 移动对象

通过移动对象可以改变对象在舞台中的位置，单击工具箱中的"选择工具"，选中要进行移动的对象，当鼠标指针的右下角出现上、下、左、右四个箭头"＋"时，此时按住鼠标左键进行拖拽，便可以在舞台中移动对象的位置。

2. 复制对象

复制对象是将对象复制一份完全一样的，而原对象依然存在，单击工具箱中的"选择工具"，选中要进行复制的对象，可以通过下列方式进行复制：

1）按住鼠标的同时按住"Alt"键或"Ctrl"键，当鼠标右下角出现加号"＋"后进行拖动，此时会复制一个对象。

2）单击"编辑"→"复制"菜单命令，再单击"编辑"→"粘贴到中心位置"或"粘贴到当前位置"，复制对象。

- "粘贴到中心位置"：对象粘贴的位置为舞台的中心区域。
- "粘贴到当前位置"：对象粘贴的位置为原对象所在的位置。

3）按快捷键"Ctrl＋C"进行复制，再按快捷键"Ctrl＋V"进行中心位置粘贴（或按快捷键"Ctrl＋Shift＋V"进行原位置粘贴）。

任务实施

1. 导入素材

1）打开 Flash CS4，新建一个宽度为"550"、高度为"400"的 Flash 文档。

2）将"素材"→"模块四"→"单元二"中的"背景.jpg"文件导入到"库"面板中，并将"库"面板中的位图"背景"拖拽到舞台窗口中。

3）选择位图"属性"面板，在对话框中取消高度值和宽度值的锁定并进行设置，如图4-34所示，使图片与舞台大小相同并位于窗口的正中位置，效果如图4-35所示。

4）在时间轴面板上，双击文字"图层1"，将"图层1"重命名为"背景"，并单击"插入图层" 按钮，创建新的图层并将其命名为"花"。

图4-34 位图"属性"面板

图4-35 图片位置

2. 绘制花瓣

1）单击工具箱中的"椭圆工具"，在椭圆工具的"属性"面板中将"笔触颜色"设置为"#FFFFFF"（白色），将"填充色"设置为"无"，效果如图4-36所示。拖动鼠标左键在舞台中央画一个椭圆，并用"选择工具"调整成花瓣形状，效果如图4-37所示。

2）在"花"图层中，单击工具箱中的"油漆桶"工具，单击"修改"→"颜色"菜单命令，在"颜色"面板中将"笔触颜色"设置为"无"，将"填充类型"设置为"放射状"，将第一个色块设置为"#FFFF99"，将第二个色

图4-36 椭圆工具"属性"面板

块设置为"#FFFFFF"，如图 4-38 所示。在花瓣形状中由上到下拖动鼠标左键，填充效果如图 4-39 所示。

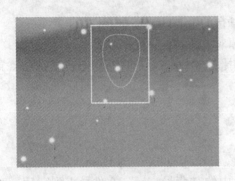

图 4-37　调整花瓣形状

图 4-38　"颜色"面板

3）在"花"图层中，单击工具箱中的"选择工具"，选中花瓣的边线，按键盘上的"Delete"键删除边线。单击选中花瓣，单击"修改"→"转换为元件"菜单命令，在弹出的"转换为元件"对话框中将名称改为"花瓣"，如图 4-40 所示。

图 4-39　填充效果

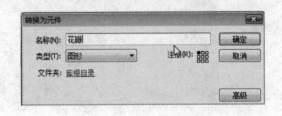

图 4-40　"转换为元件"对话框

4）在"花"图层中，用工具箱中的"选择工具"选中花瓣，按住"Ctrl + C"键复制花瓣，再按住"Ctrl + Shift + V"键在原位置粘贴花瓣。选中复制花瓣，单击"修改"→"变形"→"旋转与倾斜"（或单击工具箱中的"任意变形工具"），如图 4-41 所示。当花瓣上出现如图 4-42 所示的 8 个控制点时，

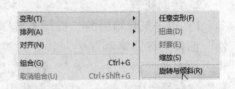

图 4-41　旋转与倾斜

选中花瓣的花中心点，拖动鼠标将花瓣的中心点（中间的小圆点）移动到花瓣的底部中心位置。将鼠标移动到右上角的黑色控制点上，当鼠标指针变成带箭头的半圆时，向左拖动鼠标调整花瓣形状，如图 4-43 所示。

5）重复步骤 4，再复制 4 个相同的花瓣，并调整位置，效果如图 4-44 所示。

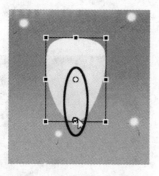

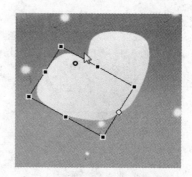

图 4-42 调整花瓣中心点   图 4-43 调整花瓣形状

3. 绘制花蕊

1）在时间轴面板上，单击"插入图层" 按钮，创建新的图层并将其命名为"花蕊"。

2）在"花蕊"图层中，单击工具箱中的"椭圆工具"，单击"修改"→"颜色"菜单命令，在"颜色"面板中将"笔触颜色"设置为"无"，将"填充类型"设置为"放射状"，将第一个色块设置为"#FCF8CF"，单击鼠标左键在中间位置上添加一个色块该色块设置为"#FFFF33"，将最后一个色块设置为"#FFCC00"，如图 4-45 所示。按住 Shift 键同时在花的中心由上到下拖动鼠标左键创建一个正圆，效果如图 4-46 所示。

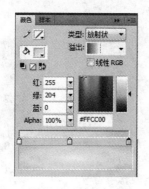

图 4-44 调整花瓣位置   图 4-45 颜色面板   图 4-46 正圆创建

3）在"花蕊"图层中，单击工具箱中的"铅笔工具"，在工具箱中的选项区将"铅笔模式"设置为"平滑" ，在"铅笔工具"属性面板上将"笔触颜色"设置为"#FBCA59"，将"笔触宽度"设置为"1.50"，如图 4-47 所示。在花蕊的四周，拖动鼠标左键绘制线条，效果如图 4-48 所示。

4）在"花蕊"图层中，单击工具箱中的"刷子工具"，在工具箱中的选项区，将"笔触颜色"设置为"无"，将"填充颜色"设置为"#FFFF00"，将"刷子大小"设置为第三个，将"刷子形状"设置为第一个，如图 4-49 所示。在花蕊的四周，单击鼠标左键绘制，效果如图 4-50 所示。

5）单击"花蕊"图层，选中绘制的花蕊，单击"修改"→"转换为元件"菜单命令，在弹出的"转换为元件"对话框中将名称改为"花蕊"。

图 4-47　铅笔工具属性面板　　　　　　　　图 4-48　铅笔工具应用

6）单击工具箱中的"任意变形工具"，在时间轴面板单击"花"图层，按住键盘上的 Ctrl 键的同时单击"花蕊"图层（即同时选中"花"图层和"花蕊"图层），此时在舞台中花和花蕊同时被选中，并在四周出现 8 个控制点，按住键盘上的 Shift 键同时将鼠标移动到右上角的控制点上拖动鼠标，对花及花蕊进行等比例缩放，调整到合适大小，效果如图 4-51 所示。

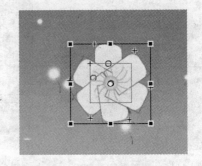

图 4-49　刷子工具　　　　图 4-50　刷子工具应用　　　　图 4-51　等比例缩放

4. 绘制枝叶

1）在时间轴面板上，单击"插入图层" 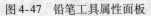 按钮，创建新的图层并将其命名为"枝叶"。

2）在"枝叶"图层中，单击工具箱中的"直线工具"，在"直线工具"属性面板中将"笔触颜色"设置为"#009932"，将"笔触大小"设置为"3.00"，如图 4-52 所示，在花的下方绘制一条直线花枝。单击工具箱中的"选择工具"，将鼠标移动到直线上，当指针变成如图 4-53 所示形状时，向右拖动鼠标到合适位置。

3）根据步骤 2，使用工具箱中的"直线工具"和"选择工具"，将"直线工具"的"笔触大小"设置为"2.00"，绘制如图 4-54 所示的叶子。

图4-52 线条工具属性面板

图4-53 绘制花枝

4）在"枝叶"图层中，单击工具箱中的"油漆桶工具"，在工具箱选项区将"填充颜色"设置为"#00CC33"，将"空隙大小"设置为"封闭中等空间" ，在叶子中单击鼠标左键填充颜色，效果如图4-55所示。

图4-54 绘制叶子

图4-55 填充颜色

5）单击选中"枝叶"图层，此时花枝、叶子同时被选中，按住Shift键单击花枝取消花枝的选择，按住Ctrl键拖动鼠标复制叶子到花枝的另一边，效果如图4-56所示。在复制叶子被选中的前提下单击"修改"→"变形"→"水平翻转"菜单命令，使复制的叶子水平翻转。单击工具箱中的"任意变形工具"，当叶子上出现8个黑色控制点，将鼠标移动到右上角的黑色控点上，按住Shift向左拖动鼠标，使复制的叶子等比例缩小，效果如图4-57所示。

图4-56 复制叶子

图4-57 任意变形

6）在时间轴面板单击"花"图层，按住键盘上的 Ctrl 键的同时单击"花蕊"图层再单击"枝叶"图层（即同时选中"花"图层、"花蕊"图层和"枝树"图层），单击"修改"→"转换为元件"菜单命令，在弹出的"转换为元件"对话框中将名称改为"花"，如图4-58 所示。

7）在实例"花"被选中的前提，在实例"属性"面板上的"色彩效果"中的"样式"下拉列表中，将 Alpha（透明度）的值设置为"68％"，如图 4-59 所示。

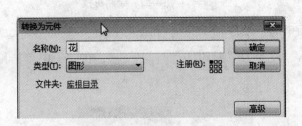

图 4-58　"转换为元件"对话框

图 4-59　实例属性面板

8）使用工具箱中的"选择工具"、"任意变形工具"，制作如图 4-33 所示效果。到此绘制"花"图形任务制作完成，单击"控制"→"播放"菜单命令播放影片观看效果。

任务二　绘制"扇子"图形

知识目标： 了解删除对象的作用。

技能目标： 掌握矩形、选择、任意变形、椭圆、油漆桶工具的使用方法，在实例制作过程中学会绘制扇面、删除多余线条及分析任务、解决任务的方法。

任务描述

一盏清茶，一折纸扇，夜风中茶香袅袅、纸扇飘摇。只听有人吟唱着"宝扇持来入禁宫，本教花下动香风。姮娥须逐彩云降，不可通宵在月中"一曲《扇》轻柔低缓，一折纸扇道不尽千古风流。本项任务要求绘制一折纸扇，效果如图 4-60 所示。

图 4-60　效果图

任务分析

本项任务首先利用矩形、选择、任意变形、椭圆等工具绘制"扇子"图形，再利用油漆桶工具填充扇面，利用选择工具删除多余的线条。

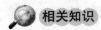 **相关知识**

删除对象

在编辑对象时，对于一些不需要的图形，可将其从舞台中删除。一般情况下可以使用工具箱中的"选择工具"，选中要进行删除的一个或多个对象，通过下列方式删除：

1）单击"编辑"→"清除"菜单命令，便可以清除选中对象。

2）单击"编辑"→"剪切"菜单命令，清除选中对象。

3）按键盘上的"Backspace"或"Delete"键，也可以清除选中对象。

4）在选中的对象上单击鼠标右键，在弹出的快捷菜单中选择"剪切"命令，清除对象。

 任务实施

1. 导入素材

1）打开 Flash CS4，新建一个宽度为"550.0"、高度为"400"的 Flash 文档。

2）单击"窗口"→"库"菜单命令，调出"库"面板，选择"文件"→"导入"→"导入到库"菜单命令，打开"导入到库"对话框，选择"素材"→"模块四"→"单元二"中的"扇面.jpg"文件，单击"打开"按钮，将文件导入到"库"面板中。

2. 制作扇骨

1）选择工具箱中的"矩形工具"，单击"修改"→"颜色"菜单命令，在"颜色"面板中将"笔触颜色"设置为"#000000"，将"填充类型"设置为"线性"，将第一个色块设置为"#CC6600"，单击鼠标左键在中间位置上添加一个色块，该色块设置为"#FEA64E"，将最后一个色块设置为"#CC6600"，如图 4-61 所示。在舞台中拖动鼠标左键画一个矩形，在"矩形"属性面板中，将宽度设置"289.0"，将高度设置为"8.8"，如图 4-62 所示。

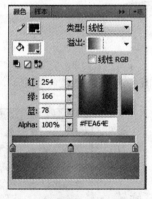

图 4-61　颜色属性面板

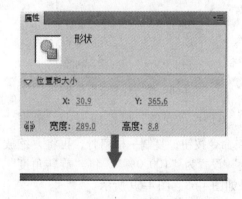

图 4-62　绘制矩形

2）选择工具箱中的"部分选择工具"，单击舞台中的矩形条，在矩形条四周会出现 4 个空心小方框，单击左上角的空心小方框，会变成实心小圆圈，此时按键盘上向上的箭头"↑"两次，如图 4-63 所示。单击左下角的空心小方框，会变成实心小圆圈，此时按键盘上向下的箭头"↓"两次。此时矩形条变成上宽下窄，这样才更像扇骨的形状。

3）选择工具箱中的"选择工具"，双击矩形条，选中整个矩形，按快捷键 F8 键，在弹出的转换为元件对话框中将名称改为"一根扇骨"，如图 4-64 所示。

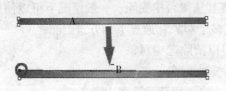

图 4-63　改变矩形形状　　　　　　　　图 4-64　"转换为元件"对话框

4）选择工具箱中的"任意变形工具"，当矩形条上出现如图 4-65 所示的 8 控制点时，选中扇骨中心点，拖动鼠标将扇骨的中心点（中间的小圆点）移动到矩形条的底部中心位置。

图 4-65　任意变形工具

5）单击"窗口"→"变形"，打开"变形"属性面板，将"缩放宽度"及"缩放高度"设置为"100.0%"，将旋转角度设为"5.0°"，效果如图 4-66、图 4-67 所示。

图 4-66　旋转角度设为 5 度　　　　　　　图 4-67　旋转 5 度效果图

6）在"变形"属性面板中，单击"重置选区和变形"命令按钮，复制一根扇骨，再将"缩放宽度"及"缩放高度"设置为"100.0%"，将"旋转角度"设为"15.0°"，效果如图 4-68、图 4-69 所示。

7）重复步骤 6，旋转角度以"10.0°"递增，当"旋转角度"递增到"175.0°"时，停止复制，效果如图 4-70 所示。

8）单击工具箱中的"选择工具"，选中全部扇骨，单击"修改"→"转换为元件"菜单命令，在弹出的转换为元件对话框中将名称改为"扇骨"。双击时间轴面板上的"图层

图 4-68　旋转角度设为 15 度

1"；将"图层1"更名为"扇骨"。

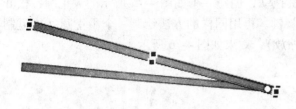

图 4-69 旋转 15 度效果图

图 4-70 扇骨的效果图

9）单击"插入"→"新建元件"菜单命令，在弹出的创建新元件对话框中将名称改为"螺钉"，如图 4-71 所示。单击工具箱中的"椭圆工具" ，在工具箱的选项区将"笔触颜色"设置为"无"，将"填充颜色"设置为"黑白放射渐变" ，按住键盘上的 Shift 键，在舞台中拖动鼠标左键，创建一个宽度为"7.0"，高度为"7.0"的椭圆，如图 4-72 所示。

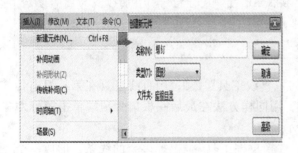

图 4-71 创建新元件

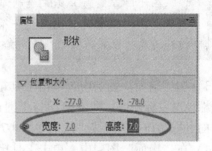

图 4-72 创建椭圆

10）单击"窗口"→"库"，打开库面板，并将"库"面板中的位图"螺钉"拖拽到舞台如图 4-73 所示位置，到此扇骨的制作完成。

3. 制作扇面

1）单击"扇骨"图层中的"锁定或解除锁定所有图层" 按钮，将"扇骨"图层锁定（防止误操作）。单击时间轴上的"新建图层" 按钮，新建一个图层"图层2"，单击"图层2"将其更名为"扇面"，如图 4-74 所示。

图 4-73 螺钉位置

图 4-74 图层锁定及新建、更名

2）在"扇面"图层中，单击工具箱中的"椭圆工具" ，在工具箱的选项区将"笔触颜色"设置为"#000000"，将"填充颜色"设置为"无"，按住键盘上的"Alt + Shift"键，在实例"螺钉"的圆心处按住鼠标左键拖动，创建一个如图 4-75 所示的大正圆，松开鼠标左键，然后松开键盘上的"Alt + Shift"键。再用同样的方法绘制一个小正圆（或复制一个大圆，使用"任意变形工具"等比例缩放），效果如图 4-76 所示。

图 4-75　绘制大正圆

图 4-76　绘制小正圆

> **提示**　　在使用"椭圆工具"绘制圆时，按住 Alt 键以鼠标指针所在的位置为圆心绘制一个圆，按住 Shift 键则绘制一个正圆，当按住键盘上的"Alt + Shift"键时以鼠标指针所在的位置为圆心绘制一个正圆。

3）在"扇面"图层中，单击工具箱中的"直线工具" ，用直线工具在第一根扇骨的顶端单击鼠标左键，向下拖动与小圆连接，用同样方法在最后一根扇骨顶端单击鼠标左键，向下拖动与小圆连接，效果如图 4-77 所示。

4）在"扇面"图层中，单击工具箱中的"橡皮擦工具"，擦掉多余的线条，形成一个闭合的扇面，效果如图 4-78 所示。

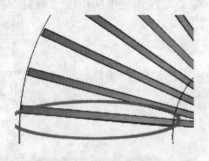
图 4-77　绘制直线

图 4-78　擦除多余的线条

5）在"扇面"图层中，单击工具箱中的"油漆桶工具"，单击"修改"→"颜色"菜单命令，在"颜色"面板中将"笔触颜色"设置为"无"，将"类型"设置为"位图"，单击"导入"按钮，效果如图 4-79 所示。在弹出的"导入到库"对话框中，将路径设置为"模块四"→"单元二"→"扇面.jpg"，再单击"打开"按钮，如图 4-80 所示。

6）在"扇面"图层中，将鼠标移动到闭合的扇面区域，此时鼠标指针变成油漆桶形状 ，单击鼠标左键进行填充，效果如图 4-81 所示。

图 4-79　颜色属性面板

图 4-80　"导入到库"对话框

> **提示**　如果用"椭圆工具"和"直线工具"绘制的扇面区域不是一个完全封密区域，应根据空隙的大小，单击"油漆桶"工具选项区的"空隙大小"按钮◯中黑色的小箭头进行选择。

7）在"扇面"图层中，单击工具箱中的"选择工具"，选择刚才用"椭圆工具"绘制的椭圆线条及用"直线工具"绘制的两条直线，按"Delete"键删除，效果如图 4-82 所示。

图 4-81　用油漆桶工具填充扇面

图 4-82　效果图

8）在"扇面"图层中，单击工具箱中的"选择工具"，选择用"油漆桶工具"填充的扇面，按键盘上的 F8 键，在弹出的"转换为元件"对话框中将名称改为"扇面"。到此任务二 绘制"扇子"图形制作完成。

单元三　使用任意变形工具

任务一　制作"雁南飞"文字动画

> **知识目标**：了解任意变形工具的用途、用法。
> **技能目标**：掌握文本工具、分离命令、油漆桶工具的使用方法及任意变形工具的应用，并在实例制作过程中让学生学会使用任意变形工具进行文本的变形操作。

任务描述

一群大雁往南飞，一会儿排成一个"人"字，一会儿排成一个"一"字……每当看见成群的大雁翱翔在蔚蓝的天空时，总是想起小学语文课本中描写大雁的诗句。此项任务要求使用文本工具制作文字"雁南飞"，再利用任意变形工具将文字变形为灵活的燕子翩翩起舞，效果如图 4-83 所示。

图 4-83　效果图

任务分析

本项任务首先使用文本工具、分离命令、油漆桶工具制作文字"雁南飞"，再利用任意变形工具及设置图形的属性进行文字"雁南飞"的动画制作。

相关知识

1. 任意变形工具

任意变形工具主要用于对图形进行旋转、缩放、倾斜、翻转、透视、封套及移动等操作。在工具箱中单击"任意变形工具"　按钮后，在工具箱中的选项区会出现四个选项，依次为"旋转与倾斜"　、"缩放"　、"扭曲"　和"封套"　。

1)"旋转与倾斜"　：使用"旋转倾斜"按钮，被选中的图形只能进行旋转或倾斜操作。

2)"缩放"　：选择该选项时，被选中的图形只能进行缩放操作。

3)"扭曲"　：选择该选项时，被选中的图形只能进行扭曲操作。

4)"封套"　：选择该选项时，被选中的图形的外围形成一个边框，可以通过调整边框上的控制点和控制柄进行细微的操作。

2. 任意变形工具的用法

(1) 旋转与倾斜对象　选中工具箱中的"任意变形工具"　，在舞台中选中要进行变形的对象，在对象周围出现 8 个黑色控制点及一个中心点。

1) 旋转对象：将鼠标移动到任意一角的黑色控制点上，当鼠标指针变成一个旋转方向的箭头时，顺时针或逆时针拖动鼠标完成旋转对象操作。

 提示　　① 按住键盘上的 Shift 键旋转对象，旋转角度为 45°的倍数。
② 对象是围绕着中心点进行旋转的，当选中工具箱中的"任意变形工具"后，中心点默认情况下处于对象中心。可以移动通过中心点的位置，改变对象旋转中心，效果如图 4-84 所示。

2) 倾斜对象：将鼠标指针移到任意一条边上，当鼠标指针变成两个平行的反向箭头时，向左右或上下拖动鼠标完成水平方向或垂直方向倾斜对象的操作，效果如图 4-85 所示。

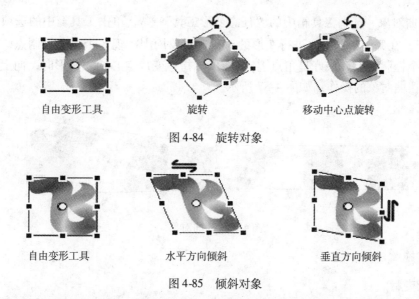

图 4-84　旋转对象

　　　　自由变形工具　　　　　　水平方向倾斜　　　　　　垂直方向倾斜

图 4-85　倾斜对象

提示　　　　也可以选中工具箱中的"任意变形工具" ⬚，单击工具箱中的选项区的"旋转与倾斜" 🔄 按钮，用法同上，此时被选中的图形只能进行旋转或倾斜操作。

　　（2）缩放对象　选中工具箱中的"任意变形工具" ⬚，在舞台中选中要进行变形的对象，对象周围出现 8 个黑色控制点及一个中心点。

　　1）改变对象的宽度：将鼠标移动到左边或右边的黑色控制点上，当鼠标指针变成左右方向的双向箭头时，向左或向右拖动鼠标完成改变对象宽度的操作。

　　2）改变对象的高度：将鼠标移动到上边或下边的黑色控制点上，当鼠标指针变成上下方向的双向箭头时，向上或向下拖动鼠标完成改变对象高度的操作。

　　3）等比例缩放：将鼠标移动到任意一个角的黑色控制点上，当鼠标指针变成斜方向的双向箭头时，按住键盘上的 Shift 键的同时，向上或向下拖动鼠标完成等比例缩放对象的操作，如图 4-86 所示。

　任意变形工具　　　　改变宽度　　　　　改变长度　　　　　等比例缩放

图 4-86　缩放对象

提示　　　　也可以选中工具箱中的"任意变形工具" ⬚，单击工具箱中的选项区的"缩放" ▣ 按钮，用法同上，此时被选中的图形只能进行缩放操作。

（3）扭曲对象　选中工具箱中的"任意变形工具" ，单击工具箱中的选项区的"扭曲" 按钮，在舞台中选中要进行变形的对象，对象周围出现 8 个黑色控制点。将鼠标移动到任意一个控制点上（最好是角点上），当鼠标指针变成空心的三角形时，向上或向下拖动鼠标完成扭曲对象的操作，如图 4-87 所示。

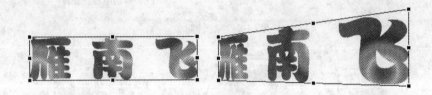

图 4-87　扭曲对象

任务实施

1. 导入素材

1）打开 Flash CS4 窗口，新建一个宽度为"550"、高度为"400"的 Flash 文档。

2）单击"窗口"→"库"菜单命令，调出"库"面板，选择"文件"→"导入"→"导入到库"菜单命令，打开"导入到库"对话框，选择"素材"→"模块四"→"单元三"中的"背景.jpg"文件，单击"打开"按钮，将文件导入到"库"面板中，将"库"面板中的位图"背景"拖拽到舞台窗口中。选择位图"属性"面板，使图片与舞台大小相同并位于窗口的正中位置。

3）在时间轴面板上，双击"图层 1"，将"图层 1"重命名为"背景"，单击"背景"图层中的"锁定或解除锁定所有图层" 按钮，将"背景"图层锁定（防止误操作）。并单击"插入图层" 按钮，创建新的图层并将其命名为"文字"，效果如图 4-88 所示。

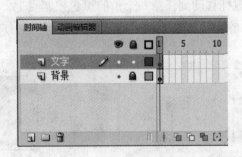

图 4-88　时间轴面板

2. 制作"雁南飞"文字

1）单击工具箱中的"文本工具"，在文本工具的"属性"面板中将"系列"设置为"方正胖娃简体"（如果没有这种字体可自行设置字体代替），将"大小"设置为"74.0点"，将字母间距设置"35.0"，效果如图 4-89 所示。将鼠标移动到需要放置文字的位置处，单击鼠标左键输入文字"雁南飞"，效果如图 4-90 所示。

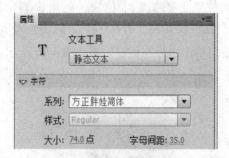

图4-89 文本工具属性面板

图4-90 输入文字"雁南飞"

2）在"文字"图层中，选中文字"雁南飞"，单击"编辑"→"复制"菜单命令，在时间轴面板上，单击"插入图层" 按钮，创建新的图层并将其命名为"辅助"（辅助图层是后期制作文字动画时确定文字最后移动位置的一个图层）。在"辅助"图层中，单击"编辑"→"粘贴"菜单命令，将文字"雁南飞"复制到"辅助"图层中，效果如图4-91所示。调整文字到如图4-92所示位置。

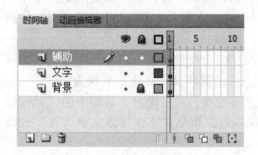

图4-91 时间轴面板中的辅助图层

图4-92 调整文字位置

3）在"文字"图层中，选中文字"雁南飞"，单击"修改"→"分离"菜单命令，效果如图4-93所示。单击工具箱中的"选择工具"，框选所有分离文字，单击鼠标右键，在弹出的快捷菜单中选择"分离图层"。此时，在时间轴面板中会在原有图层的基础上增加三个图层，分别为"雁"图层、"南"图层、"飞"图层，如图4-94所示。

图4-93 文字分离

图4-94 时间轴面板

4）在"雁"图层中，选中文字"雁"，单击"修改"→"分离"菜单命令，再一次将文字完全打散。单击工具箱中的"油漆桶工具"，单击"修改"→"颜色"菜单命令，在"颜色"面板中将"笔触颜色"设置为"无"，将"填充类型"设置为"放射状"，将第一个色块设置为"#FF0000"，单击鼠标左键在中间位置上添加三个色块，色块设置依次为"#FFFF00"、"#00FFFF"、"#FF00FF"，将最后一个色块设置为"#FF0000"，如图 4-95 所示。当鼠标指针变成 ◇ 时，将鼠标移动"雁"字的左下角单击鼠标左键，效果如图 4-96 所示。

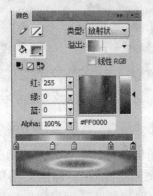

图 4-95　颜色属性面板

图 4-96　填充"雁"字

5）在"雁"图层中，选中文字"雁"，单击鼠标右键，在弹出的快捷菜单中选择"转换为元件"，并在弹出的"转换为元件"对话框中将名称改为"雁"，将文字"雁"转换为元件。

6）在"南"图层中，选中文字"南"，将文字完全打散。单击工具箱中的"油漆桶工具"，在"南"字的右上角单击鼠标左键，填充文字，并将文字"南"转换为元件。

7）在"飞"图层中，选中文字"飞"，将文字完全打散。单击工具箱中的"油漆桶工具"，在"飞"字的两个"小翅膀"上单击鼠标左键，填充文字，并将文字"飞"转换为元件，最后三个字的填充效果如图 4-97 所示。

图 4-97　文字填充效果

3. 制作文字动画

1）在"背景"图层中，单击选中 38 帧，并单击鼠标右键，在弹出的快捷菜单中选择"插入帧"，插入一个普通帧。同样在"辅助"图层中的 38 帧插入一个普通帧，效果如图 4-98 所示。

 提示　　在"背景"图层、"辅助"图层 38 帧处插入一个普通帧的作用是延长背景图片及文字"雁南飞"的显示时间，否则只在第 1 帧显示背景图片及文字"雁南飞"。

2）在时间轴面板中，单击选中"文字"图层，单击面板下方的"删除" 🗑 按钮，删除"文字"图层。单击选中"辅助"图层，拖动"辅助"图层到"背景"图层的上方，调整"辅助"图层的位置，效果如图 4-99 所示。

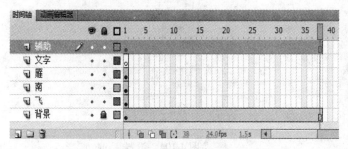

图 4-98　插入一个普通帧

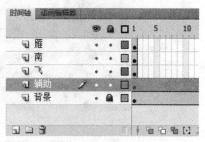

图 4-99　删除、移动图层

> **提示**　因为已将"文字"图层中的文字分离到图层，所以"文字"图层是一个空图层，因此把它删除掉。将"辅助"图层调整到上方，是因为"雁"图层、"南"图层、"飞"图层在制作文字动画时，"辅助"图层会遮挡这三个图层中的文字，因此要进行图层位置的调整。

3）在"雁"图层中，单击选中 30 帧，并单击鼠标右键，在弹出的快捷菜单中，选择"插入关键帧"，插入一个关键帧，如图 4-100 所示。单击工具箱中的"选择工具"，将舞台中的实例"雁"移动到与"辅助"图层中的"雁"完全重合的位置，效果如图 4-101 所示。

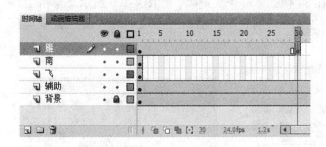

图 4-100　插入一个关键帧

图 4-101　文字"雁"的位置

4）在"雁"图层中，选中 30 帧的实例"雁"，单击"窗口"→"变形"（或按快捷键"Ctrl + T"），在"变形"属性面板中，将"缩放宽度"设置为"80.0%"、"缩放高度"设置为"80.0%"，将水平倾斜设置为"180.0°"、垂直倾斜设置为"40.0°"，如图 4-102 所示。变形后的效果如图 4-103 所示。

5）在"雁"图层中，选中 30 帧的实例"雁"，在"图形"属性面板中，将样式"Alpha"的值设置为"0"，如图 4-104 所示，让文字产生一种由有到无的动画渐变效果。

6）在时间轴面板中，在"雁"图层的任意一帧（1 ~ 30 帧中间的）上，单击鼠标右键在弹出的快捷菜单中选择"创建传统补间"，如图 4-105 所示。

图 4-102　变形属性面板

图 4-103　变形后效果图

图 4-104　设置 Alpha 值

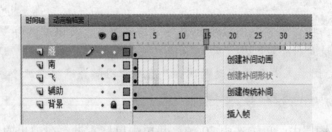

图 4-105　创建传统补间

7）在"南"图层中，单击选中第 5 帧，并单击鼠标右键，在弹出的快捷菜单中，选择"插入关键帧"插入一个关键帧。同样在 34 帧插入一个关键帧，如图 4-106 所示。单击工具箱中的"选择工具"，将舞台中的文字"南"移动到与"辅助"图层中的"南"完全重合的位置，效果如图 4-107 所示。

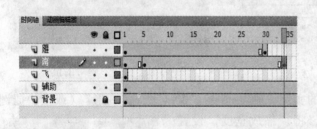

图 4-106　在"南"图层中插入关键帧

图 4-107　文字"南"的位置

8）在"南"图层中，选中 34 帧的实例"南"，重复步骤 4 中"变形"属性面板的设置，重复步骤 5，设置文字"南"的渐变效果，重复步骤 6 在"南"图层的 1～35 帧之间创建传统补间。

9）在"飞"图层中，单击选中第 9 帧，并单击鼠标右键，在弹出的快捷菜单中，选择"插入关键帧"，插入一个关键帧。同样在 38 帧插入一个关键帧，如图 4-108 所示。单击工具箱中的"选择工具"，将舞台中的文字"飞"移动到与"辅助"图层中的"飞"完全重合的位置，效果如图 4-109 所示。

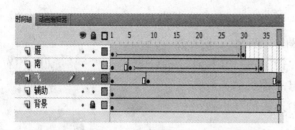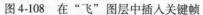

图 4-108　在"飞"图层中插入关键帧　　　　图 4-109　文字"飞"的位置

10）在"飞"图层中，选中 38 帧的实例"飞"，重复步骤 4 中"变形"属性面板的设置，重复步骤 5，设置文字"飞"的渐变效果，重复步骤 6 在"飞"图层的 1～38 帧之间创建传统补间。

11）在时间轴面板中，单击选中"辅助"图层，单击面板下方的"删除"按钮，将"辅助"图层删除，如图 4-110 所示。

提示　　"辅助"图层是为制作文字动画时确定文字移动位置的一个图层，动画制作完成后，应把"辅助"图层删除，否则会影响文字动画的效果。

12）为了使文字动画更加逼真，在"雁"图层中，选中 30 帧的文字"雁"，在"图形"属性面板，将"缓动"设置为"－100"，让文字产生一种由慢到快的动画渐变效果，效果如图 4-111 所示。同样分别在"雁"、"飞"图层中，选中 34 帧、38 帧中的实例"雁"、"飞"，在"图形"属性面板，将"缓动"都设置为"－100"。到此制作"雁南飞"文字动画任务完成，单击"控制"→"播放"菜单命令播放影片观看效果。

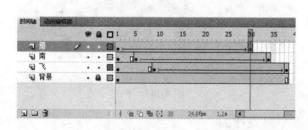
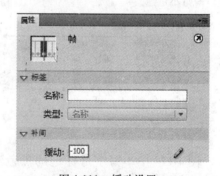

图 4-110　删除辅助图层　　　　图 4-111　缓动设置

任务二　制作"镜子图"

知识目标：了解任意变形工具中封套的用途、用法。
技能目标：掌握套索、文本、任意变形、油漆桶工具的使用方法，并在实例制作过程中学会利用任意变形工具以及任意变形工具中的封套工具实现对象变形的方法。

任务描述

回味纯真年代，走近美好童年。那山、那水、那风景，奇怪"我在哪？"本任务通过制作"镜子图"来找到在风景中迷失的我，要求在风景图中取出人物头部，制作一幅想象中的镜子图，从中找到在风景中迷失的我，效果如图 4-112 所示。

图 4-112　效果图

任务分析

本项任务首先利用套索工具取出人物的头部，再利用任意变形工具制作一幅想象中的镜子图，利用文本工具输入文字，最后利用任意变形工具完成文字的变形动画。

相关知识

任意变形工具——封套

选中工具箱中的"任意变形工具"，单击工具箱中的选项区的"封套"按钮，在舞台中选中要进行变形的对象，对象周围出现 8 个黑色控制点和 16 个圆形小手柄。将鼠标移动到任意一个控制点上，当鼠标指针变成空心的三角形时，拖动鼠标移动控制点的位置，调节控制点两侧的控制手柄完成封套操作。

封套是把图形"封"在一个框里面，当改变封套形状时，封在框里面的图形会随着封套形状的变化而变化。图 4-113 中大写字母"A、B、C、D、E、F、G、H"的 8 个黑色方块形状的控制点，是改变封套形状的调节点，简称"节点"。移动任意一个节点，该节点前后两个节点之间的曲率会发生相应的改变，相应节点周围的图形的形状也会发生改变，如图 4-114 所示。

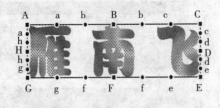

图 4-113　封套

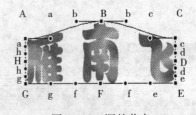

图 4-114　调整节点

图 4-114 中小写字母标记的黑色实心小圆点称为"方向柄"，每个节点的两边各有一个方向柄。节点"B"左右各有一个小写"b"标记的黑色实心小圆点，这两点是"B"的方向柄。调节节点"B"右边的方向柄，观察图形变化，如图 4-115 所示。

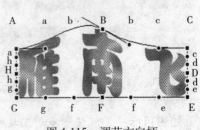

图 4-115　调节方向柄

 任务实施

1. 导入素材

1）打开 Flash CS4 窗口，新建一个宽度为"550"、高度为"400"的 Flash 文档。

2）单击"窗口"→"库"菜单命令，调出"库"面板，选择"文件"→"导入"→"导入到库"菜单命令，打开"导入到库"对话框，选择"素材"→"模块四"→"单元三"中的"人物背景.jpg"文件，单击"打开"按钮，将文件导入到"库"面板中，将"库"面板中的位图"人物背景"拖拽到舞台窗口中。选择位图"属性"面板，使图片与舞台大小相同并位于窗口的正中位置。

2. 制作"镜子图"

1）选择工具箱中的"套索工具"，利用前面所学的知识，将人物的头部选中，效果如图 4-116 所示。在被选中的人物头部区域单击鼠标右键，在弹出的快捷菜单中选择"转换为元件"。在弹出的"转换为元件"对话框，将"名称"改为"头"、"类型"为"图形"，单击"确定"按钮，如图 4-117 所示。

图 4-116　套索工具

图 4-117　"转换为元件"对话框

2）单击工具箱中的"选择工具"，在舞台中"人物背景.jpg"图片的左上角拖动鼠标到图片的右下角，框选整个图片。单击"修改"→"组合"菜单命令，使分离的图片成组，如图 4-118 所示。

3）在时间轴面板上，单击"图层 1"将其更名为"背景"，单击"背景"图层中的"锁定或解除锁定所有图层" 按钮，将"背景"图层锁定（防止误操作）。单击"新建图层" 按钮，新建一个图层"图层 2"，单击"图层 2"将其更名为"头"，如图 4-119 所示。

图 4-118　组合

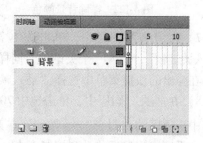

图 4-119　新建图层

4）单击"窗口"→"库"菜单命令，调出"库"面板，将"库"面板中的图形元件"头"拖拽到舞台窗口如图 4-120 所示位置。在舞台中，选中实例"头"，单击"修改"→"分离"菜单命令将"头"分离。将工作区中的窗口显示比例设置为"300%"，效果如图 4-121 所示。

图 4-120　拖拽图形元件到舞台窗口

图 4-121　分离及调整显示比例

5）单击工具箱中的"橡皮擦工具"，在取出人物有背景色的边缘区域拖动，擦除背景颜色，效果如图 4-122 所示。在被选中的人物头部区域单击鼠标右键，在弹出的快捷菜单中选择"转换为元件"。在弹出的"转换为元件"对话框中，将名称改为"头 1"、类型为"图形"，单击"确定"按钮。

6）将工作区中的窗口显示比例设置为"100%"，在选中实例"头 1"的情况下，单击工具箱中的"任意变形工具"，将鼠标移动到右上角的黑色控制点上，当鼠标指针变成斜方向的双向箭头时，按住键盘上的 Shift 键的同时，向下拖动鼠标完成"头 1"的等比例缩放，并移动到如图所示 4-123 所示位置，在选中"头 1"的情况下，按快捷键"Ctrl + B"将"头 1"分离。

图 4-122　擦除背景颜色

图 4-123　等比例缩放

7）在"头"图层中，单击选中 70 帧，并单击鼠标右键，在弹出的快捷菜单中选择"插入关键帧"，插入一个关键帧。同样在"背景"图层中，单击选中 70 帧，并单击鼠标右键，在弹出的快捷菜单中选择"插入帧"，插入一个普通帧，效果如图 4-124 所示。

8）在"头"图层中，单击选中 70 帧，单击选中工具箱中的"任意变形工具"，单击工具箱中选项区的"封套" 按钮，在舞台中实例"头 1"周围出现 8 个黑色控制点和 16 个圆形小手柄。将鼠标移动到控制点上，当鼠标指针变成空心的三角形时，拖动鼠标移动控制点到如图 4-125 所示位置（也可自行调整，最好不要超出"太阳"的范围）。

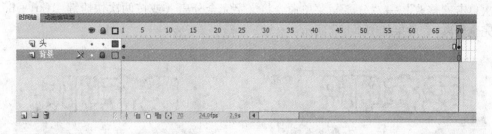

图 4-124 插入一个普通帧

9）继续上一步操作，将鼠标移动到调节控制点两侧的控制手柄上，当鼠标指针变成空心的三角形时，拖动鼠标移动控制手柄到如图 4-126 所示位置，完成封套操作。

图 4-125 调整封套控制点

图 4-126 调整封套控制手柄

10）在时间轴面板中，在"头"图层的任意一帧（1～70 帧中间的）上，单击鼠标右键，在弹出的快捷菜单中选择"创建补间形状"，效果如图 4-127 所示。

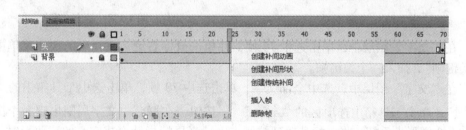

图 4-127 创建补间形状

3. 制作文字动画

1）在时间轴面板上，单击"新建图层" 按钮，新建一个图层"图层 3"，单击"图层 3"将其更名为"文字"。

2）在"文字"图层中，单击工具箱中的"文本工具"，在"文本工具"属性面板中将"字符系列"设置为"方正彩云简体"，将"字符大小"设置为"44.0 点"，效果如图4-128 所示。在舞台中单击鼠标左键，输入文字"我在哪?"，如图 4-129 所示。

3）在"文字"图层中，选中文字"我在哪?"，单击"修改"→"分离"菜单命令，将文字分离成单独的文字。

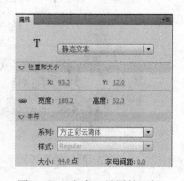

图 4-128 文本工具属性面板

再一次单击"修改"→"分离"菜单命令将文字完全分离（或按两次快捷键"Ctrl + B"将文字完全分离），效果如图 4-130 所示。

图 4-129　输入文字　　　　　　　　　　　　　图 4-130　文字分离

4）在"文字"图层中，单击工具箱中的"油漆桶工具"，单击"窗口"→"颜色"菜单命令，在"颜色"面板中将"类型"设置为"线性"，将"填充颜色"设置为"颜色"面板右下角的彩虹色，如图 4-131 所示。当鼠标指针变成时，将鼠标移动到文字"我在哪？"上单击鼠标左键，填充文字，效果如图 4-132 所示。

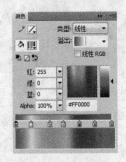

图 4-131　颜色面板　　　　　　　　　　　　　图 4-132　填充文字

5）在"文字"图层中，单击选中 70 帧，并单击鼠标右键，在弹出的快捷菜单中选择"插入关键帧"，插入一个关键帧。

6）在"文字"图层中，选中全部文字，单击选中 70 帧，单击选中工具箱中的"任意变形工具"，单击工具箱中选项区的"封套"　　按钮，在舞台中文字周围出现 8 个黑色控制点和 16 个圆形小手柄。将鼠标移动到控制点上，当鼠标指针变成空心的三角形时，拖动鼠标移动控制点到如图 4-133 所示位置。

7）继续上一步操作，将鼠标移动到调节控制点两侧的控制手柄上，当鼠标指针变成空心的三角形时，拖动鼠标移动控制手柄到如图 4-134 所示位置，完成封套操作。

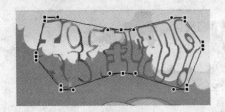

图 4-133　调整封套控制点　　　　　　　　　　图 4-134　调整封套控制手柄

8）在时间轴面板中，在"文字"图层的任意一帧（1～70 帧中间的）上，单击鼠标右键，在弹出的快捷菜单中选择"创建补间形状"。

9）在时间轴面板中，在"文字"图层中，单击选中90帧并单击鼠标右键，在弹出的快捷菜单中选择"插入普通帧"，插入一个普通帧。重复此操作在"背景"图层和"头"图层的90帧处各插入一个普通帧，效果如图4-135所示。到此任务二 制作"镜子图"完成，单击"控制"→"播放"菜单命令播放影片观看效果，效果如图4-136所示。

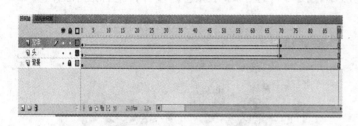

图4-135 插入一个普通帧

图4-136 效果图

> **提示**　　在"文字"图层、"背景"图层、"头"图层90帧处各插入一个普通帧的目的是当形状补间动画结束后，让文字、实例"头"及背景能在舞台停留一段时间而不是马上消失。

单元四 群组、层叠和对齐对象

任务一 制作"老师与学生"图片

> **知识目标**：了解对象组合、分离、层叠的方法。
> **技能目标**：掌握排列、组合工具的应用，并在实例制作过程中学习使用排列命令调整对象的位置、使用组合命令将多个对象组合成一个对象。

任务描述

沙沙的写字声、朗朗的读书声、老师抑扬顿挫的讲课声，一声声、一幕幕，构成了课堂独有风景。此项任务要求导入背景素材及人物，在背景素材上调整人物的位置、远近、大小制作一幅课堂风景图，效果如图4-137所示。

任务分析

本项任务首先使用选择工具将一个个图形拖入舞台，再利用排列命令调整图形的位置，使用组合命令将一个个图形组合成一个整体，使用文本工具插入文字，制作出一

图4-137 效果图

幅"老师与学生"的课堂画卷。

 相关知识

1. 组合对象

组合是将一个或多个对象组合成一个对象，以便进行操作，具体步骤如下：

利用工具箱中的"选择工具"选中多个对象，单击"修改"→"组合"菜单命令，或按快捷键"Ctrl + G"，如图 4-138 所示，便可将选中的对象进行组合，组合效果如图 4-139 所示。

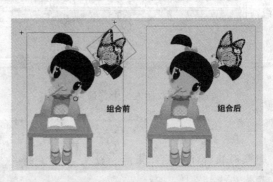

图 4-138　组合菜单命令　　　　　　　　图 4-139　组合效果图

> **提示**
> 对象在组合后成为一个独立的整体，可以在舞台上任意拖动而不会发生改变。组合后的对象也可以被再次组合，从而得到一个复杂的组合对象。

2. 取消组合

将对象组合后，如果想要改变对象的颜色和形状等，必须取消组合，再对对象进行操作，具体步骤如下：

利用工具箱中的"选择工具"选中对象组合，单击"修改"→"取消组合"菜单命令，或按快捷键"Ctrl + Shift + G"，将组合的对象取消组合，取消组合效果如图 4-140 所示。

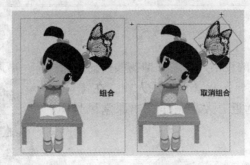

图 4-140　取消组合效果图

3. 分离对象

分离是将组合的对象、图像、文字打散，具体步骤如下：

选中组合对象（或者图像、文字），单击"修改"→"分离"菜单命令，或按快捷键"Ctrl + B"，将组合对象（或者图像、文字）打散。

 提示 对组合对象分离操作时，与取消组合命令类似，但分离对象命令可用于单个文本、位图和组上。取消组合命令与组合是成对使用，只有将对象组合后，取消组合命令才可使用。

4. 层叠对象

在进行编辑时，对象与对象之间存在前和后的关系，合理地处理好图形间的位置关系，可以增加层次感，具体步骤如下：

选中要调整位置的对象，单击"修改"→"排列"菜单命令中的系列命令，调整所选对象在舞台中的前后层次关系，如图 4-141 所示。也可以在选中的对象上单击鼠标右键在弹出的快捷菜单中单击"排列"菜单命令中的系列命令，从而调整所选对象在舞台中的前后层次关系，如图 4-142 所示。

图 4-141　菜单命令　　　　　　　　图 4-142　右键快捷菜单

1）移到顶层：将对象的位置调整到最上面一层，效果如图 4-143 所示。

2）上移一层：将对象的位置上移一层，效果如图 4-144 所示。

图 4-143　移到顶层　　　　　　　　图 4-144　上移一层

3）下移一层：将对象的位置下移一层，效果如图 4-145 所示。

4）移至底层：将对象的位置调整到最下面一层，效果如图 4-146 所示。

 任务实施

1. 导入素材

1）打开 Flash CS4 窗口，新建一个宽度为"550"、高度为"400"的 Flash 文档。

图 4-145　下移一层

图 4-146　移至底层

2）单击"窗口"→"库"菜单命令，调出"库"面板，选择"文件"→"导入"→"导入到库"菜单命令，打开"导入到库"对话框，选择"素材"→"模块四"→"单元四"中的"背景.jpg、蝴蝶.psd、老师.psd、学生.psd、学生1.psd、学生2.psd"文件，单击"打开"按钮，弹出如图 4-147 所示对话框，在对话框中保持默认设置（将图层转换为"Flash 图层"），单击"确定"按钮。随后会连续弹出 5 个如图 4-147 所示对话框，单击"确定"按钮即可，将文件导入到"库"面板中。

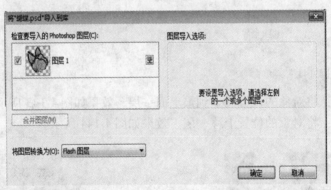

图 4-147　导入到库对话框

3）将"库"面板中的位图"背景"拖拽到舞台窗口中。选择位图"属性"面板，使图片与舞台大小相同并位于窗口的正中位置，效果如图 4-148 所示。

4）在时间轴面板上，双击"图层 1"，将"图层 1"重命名为"背景"，单击"背景"图层中的"锁定或解除锁定所有图层" 按钮，将"背景"图层锁定（防止误操作）。并单击"插入图层" 按钮，创建新的图层并将其命名为"人物"，效果如图 4-149所示。

图 4-148　效果图

2. 制作"老师与学生"图形组合

1）在"人物"图层中，单击工具箱中的"选择工具"，将"库"面板中的图形元件

"学生.psd"拖拽到舞台窗口中。选中图形元件"学生.psd"，单击工具箱中的"任意变形工具"，将鼠标移动到右上角的黑色控制点上，当鼠标指针变成斜方向的双向箭头时，按住键盘上的 Shift 键的同时，向下拖动鼠标进行等比例缩放，并移动实例"学生.psd"到如图4-150 所示位置。

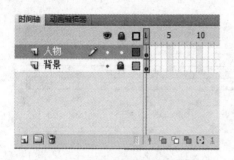

图 4-149　时间轴面板

图 4-150　等比例缩放并移动

2）在"人物"图层中，重复"步骤1"，将"库"面板中的图形元件"学生1.psd、学生2.psd、老师.psd"拖拽到舞台窗口中，并进行等比例缩放，并复制实例"学生2"，并使用工具箱中的"选择工具"调整它们的位置效果如图4-151 所示。

3）在"人物"图层中，单击工具箱中的"选择工具"，选中实例"学生1.psd"，单击"修改"→"排列"菜单中"下移一层"命令。选中复制的实例"学生2.psd"，单击"修改"→"排列"菜单中"下移一层"命令，效果如图4-152 所示。

图 4-151　等比例缩放并复制

图 4-152　下移一层

4）在"人物"图层中，选中工具箱中的"选择工具"，单击选中实例"学生.psd"，再按住键盘上的 Shift 键依次单击"学生1.psd"、"学生2.psd"、复制的实例"学生2.psd"、"老师.psd"，再单击"修改"→"组合"菜单命令，将对象组合，效果如图4-153 所示。

3. 制作文字

1）在时间轴面板上，单击"插入图层"  按钮，创建新的图层并将其命名为"文字"。在"背景"图层中，第75帧处插入一个普通帧，同样在"人物"图层中，第75帧处插入一个普通帧，从而延长"背景"图层、"人物"图层的显示时间。

图 4-153　对象组合

2）在"文字"图层中，第 5 帧处插入一个关键帧，效果如图 4-154 所示。在第 5 帧上单击工具箱中的"文本工具"，在"文本工具"的属性面板中，将"字符系列"设置为"方正剪纸简体"、"字符大小"设置为"25.0"、"字母间距"设置为"35.0"、"字符颜色"设置为"#FFFF00"，如图 4-155 所示。在舞台中单击鼠标输入文字"蝴蝶的分类"，如图 4-156 所示。

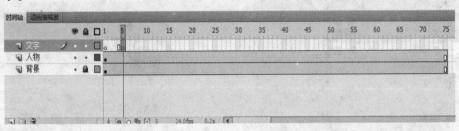

图 4-154　插入一个关键帧

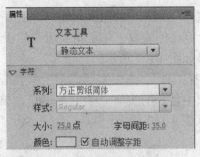

图 4-155　文本工具属性面板

图 4-156　输入"蝴蝶的分类"

3）在"文字"图层中，第 25 帧处插入一个关键帧。在第 25 帧上单击工具箱中的"文本工具"，在舞台中单击鼠标输入文字"我知道"，如图 4-157 所示。

4）在"文字"图层中，第 50 帧处插入一个关键帧。在第 50 帧上单击工具箱中的"文本工具"，在舞台中单击鼠标输入文字"什么"，如图 4-158 所示。

5）在"文字"图层中，第 60 帧处插入一个关键帧，单击工具箱中的"选择工具"，将"库"面板中的图形元件"蝴蝶.psd"拖拽到舞台窗口中。选中图形元件"蝴蝶.psd"，单击工具箱中的"任意变形工具"，将鼠标移动到右上角的黑色控制点上，当鼠标指针变成斜方向的双向箭头时，按住键盘上的 Shift 键的同时，向下拖动鼠标进行等比例缩放，并移动实例"蝴蝶.psd"到如图 4-159 所示位置。

图 4-157　输入"我知道"

图 4-158　输入"什么"

图 4-159　等比例缩放并移动

6) 在"文字"图层中,第75帧处插入一个普通帧,效果如图4-160所示。到此制作"老师与学生"图片任务完成,单击"控制"→"播放"菜单命令播放影片观看效果。

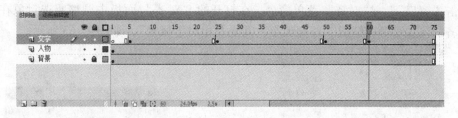

图4-160　插入一个普通帧

任务二　制作"神奇的动物园"图片展

知识目标: 了解对象对齐、分布的方法。

技能目标: 在实例制作过程中学会使用对象的对齐与分布及什么时候进行对象的组合与分离的方法。

任务描述

机灵的猴子、灵活的金鱼、可爱的鸭子、威武的狮子、温驯的鹿、憨态可掬的犀牛……看着这些美丽的身影仿佛走进了动物园,那还等什么,让我们一起去看"神奇的动物园"图片展。此项任务要求导入背景素材,在背景素材上绘制电影的宽银幕,效果如图4-161所示。

图4-161　效果图

任务分析

本项任务首先利用矩形工具绘制若干个矩形,制作宽银幕效果,利用任意变形工具缩放动物图片,选择工具移动图片,再利用传统补间动画完成动物图片滚动的动画效果。

相关知识

对齐、分布对象

对齐对象就是将两个或两个以上的对象根据不同要求在舞台上进行对齐和排列。具体步骤如下:

选中对象，单击"修改"→"对齐"菜单命令中的系列命令，调整所选对象在舞台中的对齐的位置、分布情况及相对于舞台分布，如图 4-162 所示。也可以在选中的对象的前提下，单击"窗口"→"对齐"菜单命令，在打开的"对齐"面板中调整所选对象在舞台中的"对齐的位置、分布情况、匹配大小、间隔及相对于舞台"，如图 4-163 所示。

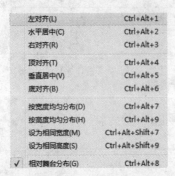

图 4-162　对齐菜单

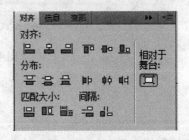

图 4-163　对齐面板

在"对齐"面板中的五项设置，分别是"对齐"、"分布"、"匹配大小"、"间隔"及"相对于舞台"。

1. 对齐

：水平方向左对齐。　：水平方向居中对齐。　：水平方向右对齐。

：垂直方向顶对齐。　：垂直方向居中对齐。　：垂直方向底对齐。

2. 分布

：顶部分布。　：垂直居中分布。　：底部分布。

：左侧分布。　：水平居中分布。　：右侧分布。

3. 匹配大小

：匹配宽度。　：匹配高度。　：匹配宽度和高度。

4. 间隔

：垂直平均间隔。　：水平平均间隔。

5. 相对于舞台

：相对于舞台对齐（单击该按钮可使它处于激活状态，即选中状态；再次单击则取消选中）。

任务实施

1. 导入素材

1）打开 Flash CS4 窗口，新建一个宽度为"550"、高度为"200"的 Flash 文档。

2）单击"窗口"→"库"菜单命令，调出"库"面板，选择"文件"→"导入"→"导入到库"菜单命令，打开"导入到库"对话框，选择"素材"→"模块四"→"单元四"中的"背景 1. jpg、动物 1. jpg、动物 2. jpg、动物 3. jpg、动物 4. jpg、动物 5. jpg、动物 6. jpg"文件，单击"打开"按钮，将文件导入到"库"面板中，将"库"面板中的位图"背景 1"拖拽到舞台窗口中。

3）在"背景1.jpg"被选中的前提下，单击"窗口"→"对齐"命令菜单，在弹出的"对齐"面板中，单击"相对于舞台" 按钮，使图片相对于舞台对齐，再单击"匹配宽度" 、"匹配高度" 按钮，使图片相对于舞台进行宽度高度匹配，效果如图4-164所示，再单击"水平方向居中对齐" 、"垂直方向居中对齐" 按钮，使图片相对于舞台水平、垂直方向居中，效果如图4-165所示。

图4-164　匹配宽度、高度

图4-165　水平、垂直方向居中

2. 制作"神奇的动物园"图片

1）在时间轴面板上，单击"图层1"，将其更名为"背景"，单击"背景"图层中的"锁定或解除锁定所有图层" 按钮，将"背景"图层锁定。单击"新建图层" 按钮，新建一个图层"图层2"，单击"图层2"，将其更名为"图片"，如图4-166所示。

2）在"图片"图层中，单击工具箱中的"矩形工具"，单击"窗口"→"颜色"在颜色的属性面板中将"笔触颜色"设置为"无"，将"填充色"设置为"#000000"（黑色），效果如图4-167所示。拖动鼠标左键在舞台中画一个如图4-168所示矩形。用工具箱中的"选择工具"，选中矩形，按快捷键"Ctrl+G"将矩形组合。

图4-166　时间轴面板

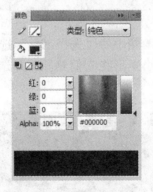
图4-167　颜色属性面板

图4-168　矩形

3）在"图片"图层中，单击工具箱中的"矩形工具"，单击"窗口"→"颜色"在颜色的属性面板中，将"笔触颜色"设置为"无"，将"填充色"设置为"#FF0000"（红色）。拖动鼠标左键在舞台中画一个如图4-169所示的小矩形。用工具箱中的"选择工具"，选中小矩形，按快捷键"Ctrl+G"将小矩形组合。

4）在"图片"图层中，用工具箱中的"选择工具"选中小矩形，按快捷键"Ctrl+C"复制小矩形，再按13次快捷键"Ctrl+V"在舞台的中心位置粘贴13个重叠的小矩形，效果如图4-170所示。

图 4-169　小矩形

图 4-170　粘贴 13 个小矩形效果图

5）在"图片"图层中，用工具箱中的"选择工具"选中所有矩形。单击"窗口"→"对齐"菜单命令，在"对齐"面板中单击"垂直方向居中对齐" ![icon] 按钮，效果如图 4-171 所示。按住键盘上的"Shift"键，在大矩形上单击鼠标左键，取消大矩形的选择，再单击"对齐"面板中的"水平平均间隔" ![icon] 按钮，效果如图 4-172 所示。

图 4-171　垂直方向居中对齐

图 4-172　水平平均间隔

提示

将大、小矩形组合的目的是为了小矩形在大矩形上进行移动时不镂空大矩形。

6）在"图片"图层中，用工具箱中的"选择工具"选中所有的矩形，按快捷键"Ctrl＋B"将矩形分离，再选中 13 个小矩形将它们删除，并选中镂空的矩形将其移动到如图 4-173 所示位置。

图 4-173　镂空矩形

提示

将大、小矩形分离的目的是为了删除小矩形时镂空大矩形。

7）在"图片"图层中，用工具箱中的"选择工具"选中镂空的矩形，按快捷键"Ctrl

"＋C"复制镂空矩形，再按快捷键"Ctrl＋V"在舞台的中心位置粘贴一个镂空矩形，并调整镂空矩形的位置如图4-174所示。

图4-174　调整镂空矩形的位置

8）在"图片"图层中，用工具箱中的"选择工具"选择如图4-175的区域，并单击"编辑"→"清除"菜单命令（或按Delete键），将所选区域删除。用工具箱中的"选择工具"选中复制的镂空矩形，将其移动到如图4-176位置。同时用工具箱中的"选择工具"选择如图4-177的区域，并按Delete键，将所选区域删除。用工具箱中的"选择工具"选中镂空矩形，将其移动到舞台的左上角。

图4-175　选择区域一　　　　图4-176　移动镂空矩形　　　　图4-177　选择区域二

9）在"图片"图层中，用工具箱中的"选择工具"选中镂空的矩形，按快捷键"Ctrl＋C"复制镂空矩形，再按快捷键"Ctrl＋V"在舞台的中心位置粘贴一个镂空矩形，并调整镂空矩形的位置，如图4-178所示。用"选择工具"选中上、下两个矩形，按快捷键"Ctrl＋G"将上、下两个矩形组合。

10）在"图片"图层中，单击工具箱中的"矩形工具"，单击"窗口"→"颜色"在颜色的属性面板中将"笔触颜色"设置为"无"，将"填充色"设置为"#000000"（黑色）。拖动鼠标左键在舞台中画一个矩形，如图4-179所示。用工具箱中的"选择工具"，选中矩形，按快捷键"Ctrl＋G"将矩形组合。

图4-178　调整镂空矩形位置　　　　　　图4-179　画一个矩形

11）在"图片"图层中，用工具箱中的"选择工具"选中刚刚绘制的矩形，按快捷键"Ctrl＋C"复制矩形，再按6次快捷键"Ctrl＋V"在舞台的中心位置粘贴6个重叠的矩形，并将6个矩形调整到如图4-180位置。

12）在"图片"图层中，单击"窗口"→"库"菜单命令，调出"库"面板，将"库"面板中的位图"动物1"拖拽到舞台窗口中。单击工具箱中的"任意变形工具"，将图片调整到如图4-181位置。

图 4-180　调整矩形位置

13）在"图片"图层中，将"库"面板中的位图"动物 2、动物 3、动物 4、动物 5、动物 6"依次拖拽到舞台窗口中。单击工具箱中的"任意变形工具"，将图片调整到如图 4-182 位置。用"选择工具"框选舞台中的所有的矩形和图片，按快捷键"F8"键，在弹出的"转换为元件"对话框中将名称更改为"图片展"，单击"确定"按钮。

图 4-181　调整图片位置一

图 4-182　调整图片位置二

3. 完成制作"神奇的动物园"图片展

1）在时间轴面板上的"图片"图层中，单击选中 110 帧，并单击鼠标右键，在弹出的快捷菜单中选择"插入关键帧"，插入一个关键帧。在"背景"图层中，单击选中 110 帧，并单击鼠标右键，在弹出的快捷菜单中选择"插入帧"，插入一个普通帧，效果如图 4-183 所示。

2）在"图片"图层中，单击选中 110 帧，使用工具箱中的"选择工具"选中实例"图片展"，将其移动到如图 1-184 的位置。

图 4-183　插入一个普通帧

图 4-184　移动位置

3）在时间轴面板上的"图片"图层中，在 1～110 帧的任意位置上单击鼠标右键，在弹出的快捷菜单中选择"创建传统补间"。到此制作"神奇的动物园"图片展任务完成，单击"控制"→"播放"菜单命令播放影片观看效果。

任务三　制作柔化填充边缘图形

> **知识目标：**了解修改图形形状的方法。
>
> **技能目标：**掌握椭圆、矩形、选择、任意变形工具及柔化填充边缘命令的使用方法，并在实例制作过程中学会改变实例的 Alpha 值形成一种淡入淡出效果的方法。

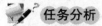 **任务描述**

当璀璨的流星划过天际，那耀眼的光芒让时间停止、让记忆凝固。此项任务要求导入背景素材，在背景素材上绘制流星在天空中停止的瞬间，效果如图 4-185 所示。

图 4-185　效果图

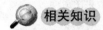 **任务分析**

本项任务首先利用椭圆、矩形、选择、任意变形工具制作流星，再利用柔化填充边缘命令制作流星的光芒效果，最后通过改变实例的 Alpha 值形成一种淡入淡出的效果。

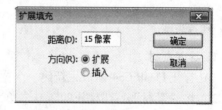 **相关知识**

1. 修改形状—扩展填充

选中要进行扩展填充的图形，单击"修改"→"形状"→"扩展填充"菜单命令，如图 4-186 所示，弹出如图 4-187 所示"扩展填充"对话框。

形状(P) ▶	高级平滑(S)...	
合并对象(O) ▶	高级伸直(T)...	
时间轴(M) ▶	优化(O)...	
变形(T) ▶	将线条转换为填充(C)	
排列(A) ▶	扩展填充(E)...	
对齐(N) ▶	柔化填充边缘(F)...	

图 4-186　菜单命令

图 4-187　"扩展填充"对话框

在"扩展填充"对话框中有两个选项分别是：

（1）距离　向外扩展或向内收紧填充的宽度，以"像素"为单位，可以输入 0.05 ~ 144.00 之间的数值。

（2）方向　包括两个选项，其中"扩展"是以图形的边界为界，向外扩展、放大填充；"插入"是以图形的边界为界，向内收紧、缩小填充，效果如图 4-188 所示。

2. 修改形状—柔化填充边缘

选中要进行柔化填充边缘的图形，单击"修改"→"形状"→"柔化填充边缘"菜单命令，弹出"柔化填充边缘"对话框，如图 4-189 所示。

在"柔化填充边缘"对话框中有三个选项分别是：

图形原始大小　　　　扩展15像素　　　　插入15像素

图 4-188　扩展和插入的效果图一

（1）距离　向外扩展或向内收紧柔化填充的宽度，以"像素"为单位，可以输入 1.00 ~ 144.00 之间的数值。

（2）步骤数　即图形的柔化层数，在这里可以输入 1 ~ 50 之间的整数。

（3）方向　包括两个选项，其中"扩展"是以图形的边界为界，向外扩展、放大柔化填充；"插入"是以图形的边界为界，向内收紧、缩小柔化填充，效果如图 4-190 所示。

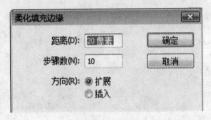

图形原始大小　　扩展距离20像素　　插入距离20像素
　　　　　　　　　步骤数10　　　　　步骤数10

图 4-189　"柔化填充边缘"对话框　　　　图 4-190　扩展和插入的效果图二

提示　　　"柔化填充边缘"与"扩展填充"命令相似，都是对图形的轮廓进行扩展或插入填充。但"柔化填充边缘"在"扩展填充"的基础上又在填充边缘产生多个逐渐透明的图形层，形成边缘柔化的效果。

任务实施

1. 导入素材

1）打开 Flash CS4 窗口，新建一个宽度为"550"、高度为"400"的 Flash 文档。

2）将"素材"→"模块四"→"单元四"中的"背景 2. jpg"文件导入到"库"面板中，将"库"面板中的位图"背景 2"拖拽到舞台窗口中。选择位图"属性"面板，使图片与舞台大小相同并位于窗口的正中位置，效果如图 4-191 所示。

2. 制作"流星"

1）在时间轴面板上，单击"图层 1"将其更名为"背景"，单击"背景"图层中的"锁定或解除锁定所有图层"　按钮，将"背景"图层锁定。单击"新建图层"　按钮，新建一个图层"图层 2"，单击"图层 2"将其更名为"流星"，如图 4-192 所示。

2）在"流星"图层中，单击工具箱中的"椭圆工具"，单击"窗口"→"颜色"菜单命令，在"颜色"面板中将"笔触颜色"设置为"无"，将"填充类型"设置为"放射状"，将"填充颜色"的第一个色块设置为"#66CCFF"，第二个色块设置为"#FFFFFF"，并调整两个色块的位置，如图 4-193 所示。在舞台中按住键盘上的 Shift 键绘制 1 个正圆，如

图 4-194 所示。

图 4-191　效果图

图 4-192　时间轴面板

图 4-193　颜色面板

图 4-194　绘制正圆

3）在"流星"图层中，选中绘制的正圆，单击"修改"→"形状"→"柔化填充边缘"菜单命令，在弹出的如图 4-195 所示的"柔化填充边缘"对话框中，将"距离"设置为"45 像素"、"步骤数"设置为"35"、"方向"设置为"扩展"，效果如图 4-196 所示。选中绘制的正圆，按快捷键"Ctrl + G"将正圆组合。

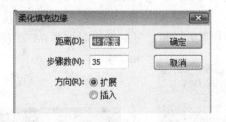

图 4-195　"柔化填充边缘"对话框

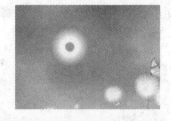

图 4-196　柔化填充边缘效果图一

4）在"流星"图层中，单击工具箱中的"矩形工具"，在舞台中绘制如图 4-197 所示的矩形。"笔触颜色"及"填充颜色"的设置与绘制正圆相同，所以不用再进行设置。

5）在"流星"图层中，单击工具箱中的"选择工具"，将鼠标移动到绘制矩形的右侧边缘时，鼠标的右下角出现一个小弧线，此时按住鼠标左键拖动线条，效果如图 4-198 所示。

6）在"流星"图层中，选中绘制的矩形，单击"修改"→"形状"→"柔化填充边缘"菜单命令，在弹出"柔化填充边缘"对话框中，将"距离"设置为"20 像素"、"步骤数"设置为"10"、"方向"设置为"扩展"，效果如图 4-199 所示。选中绘制的矩形，按快捷键"Ctrl + G"将矩形组合。

图 4-197　绘制矩形

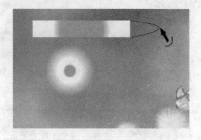

图 4-198　矩形调整效果图

7）在"流星"图层中，选中矩形，单击工具箱中的"任意变形工具"，将鼠标移动到矩形的右上角按住键盘上的 Shift 键拖动进行等比例缩放，并将矩形调整到如图 4-200 所示的位置。

图 4-199　柔化填充边缘效果图二

图 4-200　调整矩形位置

8）在"流星"图层中，选中矩形，单击工具箱中的"任意变形工具"，将矩形的中心点调整到如图 4-201 所示正圆的圆心所在位置。

9）在"流星"图层中，选中矩形，单击"窗口"→"变形"菜单命令，在"变形"属性面板中将"缩放宽度"和"缩放高度"设置为"36.4%"（因为绘制的大小不一，所以应根据需要设置缩放高度）、"旋转角度"设置为"45"，并单击"重置选区和变形"按钮复制矩形，如图 4-202 所示。"缩放宽度"和"缩放高度"保持不变，"旋转角度"按"45.0°"递增，当旋转角度递增到"360.0°"时，停止复制，复制后效果如图 4-203 所示。

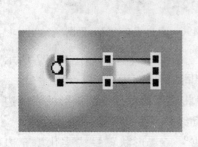

图 4-201　调整矩形中心点位置

图 4-202　变形面板

图 4-203　复制后效果图

10）在"流星"图层中，选中矩形，单击鼠标右键，在弹出的如图 4-204 所示的快捷菜单中，选择"排列"→"下移一层"，将矩形移到正圆的下面一层。选中正圆和所有矩形，按快捷键 F8，在弹出的"转换为元件"对话框中将名称改为"流星"，效果如图 4-205 所示。

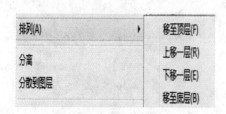

图 4-204 下移一层

图 4-205 转换为元件效果图

3. 制作"流星"点点

1）在"流星"图层中，选中实例流星，单击工具箱中的"任意变形工具"，将鼠标移动到矩形的右上角，按住键盘上的 Shift 键拖动进行等比例缩放，并将矩形调整到需要的大小。

2）在"流星"图层中，选中实例流星，在实例"属性"面板上的"色彩效果"中的"样式"下拉列表中，将 Alpha 的值设置为"89%"，如图 4-206 所示。

3）在"流星"图层中，将"库"面板中的"流星"拖拽到舞台窗口中重复步骤 1、2，制作如图 4-207 所示效果。到此制作柔化填充边缘图形任务完成，单击"控制"→"播放"菜单命令播放影片观看效果。

图 4-206 实例属性面板

图 4-207 效果图

 技能操作练习

打开模块三制作的"校园生活图片展"动画文件，绘制并编辑图形。具体要求如下：

1）绘制线并修改属性，线宽为："20"，颜色为："黄色"；利用任意变形工具和变形面板中的重置选区和变形按钮绘制图形，如图 4-208 所示。

2）新建图层，复制太阳光，并应用水平翻转复制图形，如图 4-209 所示。

3）将太阳光转换为填充图形。如图 4-210 所示。

4）选择"遮罩层"来遮罩太阳光图层内容，如图 4-211 所示。

图 4-208　太阳光

图 4-209　复制太阳光

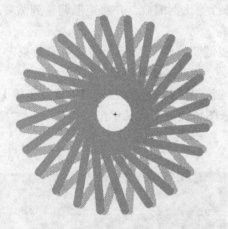

图 4-210　将太阳光转换为填充图形

图 4-211　遮罩太阳光图层

提示　可以在设置"遮罩层"之前，将"太阳光"和"复制太阳光"图层延长到第60 帧，将复制"太阳光"图层的第 60 帧处插入关键帧，设置补间动画，并设置顺时针旋转三圈。此项内容将在下一模块讲解。

模块五　基本动画制作

5

单元一　**帧**

任务一　制作"技师学院"逐帧动画

知识目标：掌握逐帧动画制作的原理、帧的分类及逐帧动画的制作方法。
技能目标：熟练掌握逐帧动画在动画制作中的应用技能。

任务描述

　　"技师学院"逐帧动画展现了使用毛笔按文字笔画的书写顺序来写字的动画，效果如图5-1所示。

图 5-1　"技师学院"逐帧动画实例效果

任务分析

　　本项任务是让学生理解逐帧动画的制作原理以及逐帧动画的制作过程。在实例制作过程中分别在每个关键帧中按书写顺序擦除每一个字各笔画的一部分，并将毛笔放置在各笔画末，最后将所有关键帧翻转得到最终效果。

 相关知识

1. 逐帧动画的原理

逐帧动画的制作是基于动画的原理，把运动过程中的画面附加在每个帧中，当时间轴快速移动的时候，利用人的视觉残留现象，产生连续的动画效果。

2. 三种主要的时间帧

帧是动画中最小单位的单幅影像画面，相当于电影胶片上的每一个镜头，里面装载着要播放的内容。在 Flash 的时间轴上，帧表现为一格或一个标记。

在逐帧动画中，涉及时间轴上三种不同用途的时间帧，分别是关键帧、空白关键帧和普通帧，如图 5-2 所示。

（1）关键帧　实心圆点表示关键帧，关键帧是 Flash 动画中最重要的帧，尤其是在补间动画中，决定了动画过程的开始和结束。

（2）空白关键帧　空心圆点表示空白关键帧，它也是一个关键帧，只是它不包含任何对象。一但空白关键帧中加入了动画内容，则该空白关键帧自动转换为关键帧；同理，反之会由关键帧转换为空白关键帧。空白关键帧和关键帧区别就在于帧内是否有动画内容。

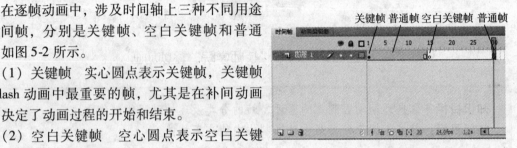

图 5-2　不同用途的时间帧

（3）普通帧　在动画过程中并不起关键作用，只是用来继续显示左边离它最近的那个关键帧或空白关键帧的内容，延续动画的播放时间。

3. 帧的操作

（1）插入帧　在时间轴上单击右键，选择"插入帧"或直接按 F5 键即可。

（2）插入关键帧　在时间轴上单击右键，选择"插入关键帧"或直接按 F6 键即可。

（3）插入空白关键帧　在时间轴上单击右键，选择"插入空白关键帧"或直接按 F7 键即可。

（4）剪切帧　用鼠标选择需要剪切的一个或多个帧，单击鼠标右键，在弹出的快捷菜单中选择"剪切帧"命令，即可剪切掉所选择的帧。剪切掉的帧会被保存在剪切板中，可以在需要时重新使用。

（5）拷贝帧　用鼠标选择需要复制的一个或多个帧，单击鼠标右键，在弹出的快捷菜单中选择"复制帧"命令，即可复制所选择的帧。

（6）粘贴帧　在时间轴上选择需要粘贴帧的位置，单击鼠标右键，在弹出的快捷菜单中选择"粘贴帧"命令，即可将被复制或被剪切的帧粘贴到当前位置。

（7）翻转帧　翻转帧的功能可以使所选定的一组帧按照顺序翻转过来，使动画反向播放。用鼠标在时间轴上选择需要翻转的一段帧，单击鼠标右键，在弹出的快捷菜单中选择"翻转帧"命令，即可完成翻转帧的操作。

（8）清除关键帧　该命令不会删除关键帧，而是将其变成普通帧，因此帧的内容会延续前一个关键帧的内容。

4. 帧频

Flash 动画每秒钟播放的帧数称为"帧频"，默认值为"12fps"，代表每秒钟播放 12 帧。

每秒播放的帧数越多，动画质量就越细腻，文件容量也就会加大。修改"帧频"方法为：执行"修改"→"文档"命令，在"文档属性"对话框的"帧频"框内输入设置值，如图5-3所示。

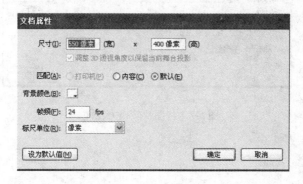

图5-3　帧频的设置

任务实施

1. 编辑第一关键帧

1）打开 Flash CS4 窗口，新建 Flash 文档。

2）在工具箱中选择文本工具，选择"窗口"→"属性"菜单命令，打开"属性"面板，在"属性"面板中将文字的"字体"设置为"华文行楷"或其他字体，"颜色"为"黑色"。在场景中输入文字"技师学院"，如图5-4所示。

3）用选择工具选择刚刚输入的文字，选择两次"修改"→"分离"菜单命令（或者直接在选择文字后连续按下两次"Ctrl + B"键），把输入的文字分离，如图5-5所示。

图5-4　输入文字 　　　　　　　　　　　　图5-5　分离文字

2. 导入"毛笔"素材

1）单击"窗口"→"库"菜单命令，调出"库"面板，选择"文件"→"导入→"导入到库"菜单命令，在弹出的"导入到库"对话框中选择"模块五"→"单元一"→"毛笔 . gif"文件，单击"打开"按钮，将文件导入到"库"面板中，如图5-6所示。

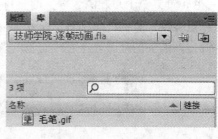

图5-6　导入图片到库中

2）将"库"面板中的图片"毛笔 . gif"拖拽到第一帧的舞台窗口中。选择位图"属性"面板，设置高为"140"，宽为"190"，并按F8键将图片转换为图片元件，命名为"毛笔"，如图5-7所示。

3）把"毛笔"元件的笔尖对准文字"技师学院"最后一笔，效果如图5-8所示。

图 5-7　将图片转换为元件

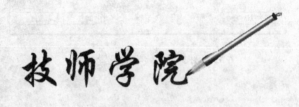

图 5-8　完成最后一笔

3. 编辑其余关键帧

1）选择时间轴上的第 2 帧，选择"插入"→"关键帧"菜单命令（或在选择了第 2 帧后按 F6 键），在第 2 帧处插入一个关键帧，此时时间轴如图 5-9 所示。

2）第 2 帧上使用橡皮工具，擦除文字"技师学院"最后一笔的一部分，并把"毛笔"元件放到笔画末端，如图 5-10 所示。

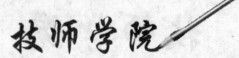

图 5-9　插入关键帧　　　　　　　　　　　　　图 5-10　擦除文字并放置毛笔

3）重复第 1 步和第 2 步，按照与文字"技师学院"书写笔画顺序相反的顺序将文字一点一点擦除，直到把文字对象全部擦除为止。这样，最后会得到一个文字"技师学院"的笔画逐渐消失的动画。这时时间轴的效果如图 5-11 所示。

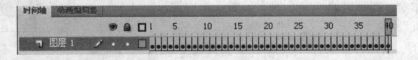

图 5-11　时间轴

4）选中创建好的所有关键帧，在选定的关键帧上单击鼠标右键，在弹出的快捷菜单中选择"翻转帧"命令，将所有的关键帧顺序反相，这样便制作出了毛笔写字的效果。

4. 测试动画效果

按组合键"Ctrl + Enter"测试影片，观看动画播放效果。

扩展知识

动画原理

动画的基本原理是利用人的"视觉暂留"特性，将一系列相差甚微的图片，快速而连续地播放出来，在人的大脑中形成动画效果。

什么是"视觉暂留"特性呢？

人体的视觉器官，在看到的物象消失后，仍可暂时保留视觉的映象。经研究证实，视觉映象在人眼中大约可保持0.1s之久。如果两个视觉映象之间的时间间隔不超过0.1s，那么前一个视觉映象尚未消失，而后一个视觉映象已经产生，并与前一个视觉映象融合在一起，就形成了视觉暂留现象。

任务二 制作"春晓"逐帧动画

知识目标：认识时间轴面板，了解动画表示方式。

技能目标：掌握时间轴的操作方法，熟练掌握逐帧动画在动画制作中的应用技能。

任务描述

"春晓"是一首家喻户晓的诗，本项任务就是通过"春晓"这首诗来制作文字一个一个出现的逐帧动画，效果如图5-12所示。

任务分析

本项任务是让学生熟悉并掌握"时间轴"面板和逐帧动画的制作原理，首先创建几组文字并将其进行一次打散操作，使他们变成独立的文字，然后插入多个关键帧将其每帧删除最末尾的一个字，最后再将所有帧选中并翻转帧。

图5-12 逐帧动画实例效果

 相关知识

1. 使用"时间轴"面板

时间轴面板是用来管理图层和处理帧的。在时间轴面板的"时间轴"标题上单击隐藏，可以腾出许多空间来显示工作区。

时间轴面板分为三部分，左边是图层面板，右边是时间轴，下边是状态栏，如图5-13所示。

（1）图层面板 图层面板显示了当前场景的图层数，默认是一个"图层1"，随着动画的制作，可以添加和修改图层的名称和位置。注意：上面图层里的图像会挡住下面一层的图像。

（2）时间轴 时间轴由许多的小格组成，每一格代表一个帧，每个帧可以存放一幅图

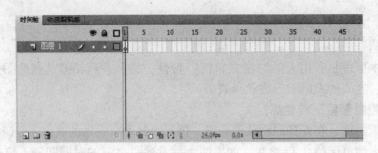

图 5-13　"时间轴"面板

片，许多帧图片连续播放，就是一个动画影片。

（3）状态栏　状态栏有几个数字，分别表示当前是第几帧，速度是每秒多少帧（fps），时间长度是几秒（s）。状态栏中有五个按钮具体如下：

1）第一个按钮是"帧居中"　，可以让选中的这个图层显示在时间轴面板的中间位置，在多个图层时很有用。

2）第二个按钮是"绘图纸外观"　，可以让工作区中显示几个帧的图像，产生一个洋葱皮效果，这时在帧的上方有一个大括号一样的效果范围　，括号两头可以拖动，控制显示几个帧的图像。

3）第三个按钮是"绘图纸外观轮廓"　，只显示出图形的边框，没有填充色，因而显示速度要快一些。

4）第四个按钮是"编辑多个帧"　，可以同时编辑两个以上的关键帧，这样在检查动画的两个关键帧时就非常方便。

5）第五个按钮是"修改绘图纸标记"　，可以设置大括号的范围，与拖动大括号的意思一样，调节洋葱皮的数量和显示帧的标记，默认两个绘图纸，括号里有两帧。

2. 动画表示方式

不同帧和动画在时间轴上的表示方式是不一样的。

1）运动补间动画（　）是在两个关键帧之间用浅蓝色填充并用箭头连接的帧。

2）形状补间动画（　）是在两个关键帧之间用浅绿色填充并用箭头连接的帧。

3）在两个关键帧之间用浅蓝色填充并由虚线连接的帧（　）表示补间动画不符合要求或者没能与其相连接的下一关键帧，需要检查开始帧和结束帧的属性设置。

4）关键帧（　）用单独实心黑色圆点表示关键帧的开始，空心矩形表示一个关键帧的结束，中间淡灰色帧同关键帧内容相同，没有变化。

5）空白关键帧（　）用一个空心圆点来表示，它仍然是一个关键帧，只是它不包括任何对象。

6）动作帧（　）用小写字母 a 表示该帧已经被指定了动作，即脚本程序。

7）标签帧（　Lable　）用红色的小旗说明该帧包含有帧的标签，可以理解为帧的名字。

8）注释帧（　test　）用绿色的双斜杠说明该帧包含有帧的注释，为了不混淆各个帧。

9）锚记帧（）使用命名锚记可以使浏览网页变得更方便。当使用网络浏览器浏览网页时，单击"后退"按钮或"前进"按钮，即可快速跳转到前一个或后一个关键帧或场景。命名锚记在时间轴中以一个锚图标表示。

任务实施

1. 导入素材

1）打开 Flash CS4 窗口，新建 Flash 文档，文档属性中将"帧频"设置为"3"，其余为默认设置。

2）单击"窗口"→"库"菜单命令，调出"库"面板，选择"文件"→"导入"→"导入到库"菜单命令，打开"导入到库"对话框，选择"素材"→"模块五"→"单元一"中的"背景 . jpg"文件，单击"打开"按钮，将文件导入到"库"面板中，将"库"面板中的位图"背景"拖拽到舞台窗口中。选择位图"属性"面板，使图片与舞台大小相同并与舞台重合，并将图层取名为"背景"，效果如图 5-14 所示。

2. 创建文字

1）单击"新建图层"按钮，新建一个图层，取名为"文字"。

2）选择图层的第一帧，选择文本工具，设置"字体"为"微软简行楷"，"字号"为"60"，颜色为"#660066"，输入"春晓"两字，再次选择文本工具，"字号"改为"30"，其余不变，输入"孟浩然"，再选择文本工具，"字号"改为"40"，输入"春眠不觉晓，处处闻啼鸟，夜来风雨声，花落知多少。"如图 5-15 所示。

图 5-14　导入背景图

图 5-15　输入文字

3. 编辑文字

选择"文字"图层的第一帧，将所有文字均选中，按一次"Ctrl + B"键，将文字打散，如图 5-16 所示。

4. 制作逐帧动画

1）选择"文字"图层的第 2 帧，按 F6 键插入关键帧，将最后一个标点"。"删除，选择第 3 帧，按 F6 键插入关键帧，将最后一个字"少"删除，依此类推，直到剩下一个"春"字。

2）选择"文字"图层的所有帧，选择"修改"→"时间轴"→"翻转帧"菜单命令，

图 5-16　打散文字

将帧的顺序进行翻转。

5. 测试动画效果

按组合键 "Ctrl + Enter" 测试影片，观看动画播放效果。

 扩展知识

Flash 动画概述

动画的制作可以分为逐帧动画、补间动画、引导动画和遮罩动画，补间动画又分为运动补间动画和形状补间动画。

众所周知动画的基本原理是利用人的"视觉暂留"特性，将一系列相差甚微的图片，快速而连续地播放出来，在人大脑中形成动画的效果。可是在计算机绘画不是很普及的年代，要绘制如此大量的图片，可以想象会耗费多少人力、物力、财力和时间！十几位工作人员一天大约只能完成 20 ~ 30 秒的动画片。因此，在短时间内绘制成千上万张图片就必须用分工的方式来完成工作，其中有两种工作人员至关重要，他们是动画的造型构图、动作连贯的灵魂人物——"原画师"和"动画师"。

"原画师"的工作是确定并绘制出一连串动作中比较关键的几个角色造型，并且计算出时间长度及摄影手法。

"动画师"是依据这些关键画面来补上中间的画面，让这些关键画面自然过渡，并完成填色及合成工作。

现在用计算机制作动画就轻松多了，把"原画师"的工作绘画到关键帧上，中间的补间画面就可以交给 Flash 来处理了。

单元二　图　　层

任务一　制作"蝶恋花"文字变换的形状补间动画

知识目标：掌握形状补间动画的对象及形状补间动画的制作方法。
技能目标：熟练掌握形状补间动画在动画中的应用技能。

任务描述

"蝶恋花"文字变换的形状补间动画展现了"蝶恋花"到"花恋蝶"形状变形的动画，效果如图 5-17 所示。

任务分析

本项任务首先使用文本工具输入文字、再使用"分离"命令打散文字，然后制作出起始关键帧和结束关键帧，最后创建形状补间动画。在实例中加深理解形状补间动画的制作过程。

相关知识

图 5-17 形状补间动画效果图

1. 形状补间动画的概述

形状补间动画是矢量图形之间的变化，可以做出任意形状、大小、位置、颜色等平滑变化。

形状补间动画的对象必须是矢量图形。

如果对文字或图形图像制作形状补间动画，需要使用"分离"命令（或使用"Ctrl + B"快捷键）将其打散为矢量图形。通常在 Flash 中矢量图形被选中后会显示为掺杂白色小点的图形，外部有一个蓝色边框，如图 5-18 所示。

图 5-18 选择后图片与矢量图形的对比

2. 形状补间动画制作的三个步骤

1）制作"起始关键帧"，即形状补间动画的初始状态。

2）制作"结束关键帧"，即形状补间动画的结束状态。

3）在"起始"和"结束"两个关键帧之间创建形状补间，有两个方法：

方法一：在时间轴面板"起始关键帧"和"结束关键帧"之间右键单击鼠标，在弹出的快捷菜单中选择"创建补间形状"命令。

方法二：选择"插入"→"补间形状"菜单命令。

 任务实施

1. 导入素材

1）打开 Flash CS4 窗口，新建 Flash 文档，文档属性设置为默认。

2）单击"窗口"→"库"菜单命令，调出"库"面板，选择"文件"→"导入"→"导入到库"菜单命令，打开"导入到库"对话框，选择"素材"→"模块五"→"单元二"中的"背景.jpg"文件，单击"打开"按钮，将文件导入到"库"面板中，将"库"面板中的位图"背景"拖拽到舞台窗口中。选择位图"属性"面板，使图片与舞台大小相同并重合，并将图层取名为"背景"。

2. 输入文字

1）单击时间轴左下角的"新建图层"按钮新建一个图层，命名为"文字"。

2）在工具箱中选择文本工具。在"属性"面板中将文字
的"字体"设置为"华文行楷"或其他字体，"字体颜色"为
"红色"。在第 1 帧中输入文字"蝶恋花"，选择第 5 帧，按 F6
键插入帧，如图 5-19 所示。

3）使用同样的方法，在第 30 帧插入关键帧，并输入文字   图 5-19　输入文字
"花恋蝶"。选择第 35 帧，按 F6 键插入关键帧。右键单击第 1
帧，选择复制帧，再选择第 50 帧，右键单击"粘贴帧"。选择第 55 帧按 F5 键插入帧。

3. 分离各文字

1）用工具箱中的选择工具，选择第 5 帧中的文字，选择两次"修改"→"分离"菜单命令（或者直接在选择文字后连续两次按下"Ctrl + B"键），把输入的文字分离为矢量图形（第一次"分离"操作将文字分离为单字，第二次"分离"操作将各字分离为矢量图形），如图 5-20 所示。

图 5-20　两次分离文字的效果

2）使用同样的方法，将第 30、50 帧中的文字进行分离。

4. 创建补间形状

在时间轴上选择第 5 帧与第 24 帧之间的任意一帧，右键单击鼠标，在弹出的快捷菜单中选择"创建补间形状"命令，创建形状补间动画，如图 5-21 所示。同样，在时间轴上第 30 帧与第 49 帧之间创建形状补间动画。

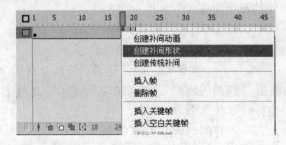

图 5-21　创建补间形状

5. 测试动画效果

按组合键"Ctrl + Enter"测试影片，观看动画播放效果。

此动画中第1、25、50帧后都有5帧与后面制作形状补间动画相同的帧，其目的是让动画在播放时能够看清楚是什么文字，使动画播放时更加清晰。

 扩展知识

加入变形提示的形状补间动画

如果动画比较复杂或特殊，在制作形状补间动画的时候一般不容易控制，系统自动生成的过渡动画不能令人满意。那么，如何才能制作出按照实际意图进行形变的动画呢？通过使用变形提示功能可以让过渡动画按照自己预想的方式进行。现在结合一个"1变2"的实例来介绍加入了变形提示的形状补间动画的制作，变化过程如图5-22所示。

1. 设置起始帧的状态

在第1帧中用文本工具输入文字"1"，"字体"为"Impact"，"字号"为"96"，并使用"分离"命令（或按"Ctrl + B"键）将其打散为矢量图，如图5-23所示。

图5-22 变化过程

图5-23 分离文字"1"

2. 设置结束帧的状态

在第25帧同样的位置使用文本工具输入文字"2"，同样使用"分离"命令（或按"Ctrl + B"键）将其打散为矢量图。

3. 创建动画

在时间轴上选择第1帧与第20帧之间的任意一帧，选择"插入"→"补间形状"菜单命令，创建形状补间动画。

4. 添加形状提示

1）如图5-24所示，选择"修改"→"形状 →"添加形状提示"菜单命令（或按

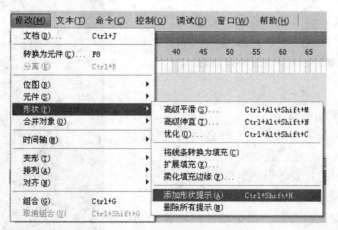

图5-24 添加形状提示

"Ctrl + Shift + H"键），这样就添加了一个形状提示符，在场景中会出现这个形状提示符，将其拖动至"1"的左上角，以同样的方法再添加一个形状提示符，相应地在场景中会增加一个形状提示符，将其拖动至形体"1"的右下角。如果需要精确定义形状补间动画的变化还可以添加更多的形状提示符。

2）选中第 20 帧，在场景中多出了如第 1 帧中添加的提示符一样的形状提示符，这时拖动提示符"a"至形体"2"的左上角，拖动提示符"b"至形体"2"的右下角，这时第 1 帧的提示符变为黄色，第 20 帧的提示符变为绿色，表示自定义的形状补间动画能够实现，效果图如图 5-25 所示。

图 5-25　拖动提示符

注意：

1）在添加形状提示符后，只有当起始关键帧的形状提示符从红色变为黄色，结束关键帧的开关提示符从红色变为绿色时，才能使形状变形得到控制，否则无效。

2）如果想删除一个形状提示，则把起始关键帧中要删除的形状提示符拖出场景即可。

3）如果想删除所有的形状提示，则选择起始关键帧后使用"修改"→"形状"→"删除所以提示"菜单命令即可。

任务二　制作"行驶中的小汽车"运动补间动画

知识目标： 掌握运动补间动画及形状补间动画的制作方法
技能目标： 熟练掌握运动补间动画在动画制作中的应用技能。

 任务描述

"行驶中的小汽车"运动补间动画展现了一辆小汽车从右向左行驶的动画，效果如图 5-26 所示。

任务分析

本项任务首先需要导入图片素材，并将汽车图片进行编辑取出小汽车，然后创建运动补间动画。在实例中来加深理解运动补间动画的制作过程。

相关知识

1. 运动补间动画的概述

运动补间动画是组合对象或元件之间的变化，可以做出大小、位置、颜色、透明度、旋转等变化。

运动补间动画的对象必须是组合对象或元件。

2. 运动补间动画制作的三个步骤

1）制作"起始关键帧"，即运动补间动画的初始状态。

2）制作"结束关键帧"，即运动补间动画的结束

图 5-26　汽车运动图

状态。

3）在"起始"和"结束"两个关键帧之间创建运动补间，有两个方法：

方法一：在时间轴面板"起始关键帧"和"结束关键帧"之间右键单击鼠标，在弹出的快捷菜单中选择"创建传统补间"命令。

方法二：选择"插入"→"传统补间"菜单命令。

 任务实施

1. 导入素材

1）打开 Flash CS4 窗口，新建 Flash 文档，按"Ctrl + F3"键，弹出文档"属性"面板，单击"大小"选项后面的"编辑"按钮，在弹出的对话框中将舞台窗口的宽度设为"380"，高度设为"507"。

2）单击"窗口"→"库"菜单命令，调出"库"面板，选择"文件"→"导入"→"导入到库"菜单命令，在弹出的"导入到库"对话框中选择"小汽车.jpg"和"背景1.jpg"文件，单击"打开"按钮，将文件导入到"库"面板中。

3）打开"库"面板，将"背景1.jpg"图片拖拽到舞台，调整图片大小与舞台大小相同并重合，并将"图层1"更名为"背景"。

2. 编辑小汽车图片

1）新建一图层，并将其更名为"汽车"，将导入的汽车图片拖拽到该图层的第1帧，选择小汽车图片，按"Ctrl + B"键将其打散，效果如图5-27所示。

2）选择工具箱中的套索工具，选择魔术棒，单击小汽车图片的白色背景，将背景选中，按 Delete 键将其删除，如果还有未删除的部分，可以选择橡皮工具来删除多余的背景，效果如图5-28所示。

图5-27　打散的小汽车

图5-28　删除背景

3）选择工具箱中的选择工具，将小汽车全部选中，按"Ctrl + G"键将其组合。

3. 制作汽车动画

1）选择工具箱中的任意变形工具，在汽车图层的第1帧选中小汽车图，根据背景的大小来调整汽车的大小，将小汽车停留在舞台右侧，效果如图5-29所示。

2）选择"汽车"图层的第40帧，右击插入关键帧，将小汽车图从右侧移到左侧，效果如图5-30所示。

3）在时间轴的"汽车"图层上选择第1帧与第39帧之间的任意一帧，右击鼠标，在弹出的快捷菜单中选择"创建传统补间"命令，来创建运动补间动画，如图5-31所示。

4. 测试动画效果

按组合键"Ctrl + Enter"测试影片，观看动画播放效果。

图 5-29　制作动画开始帧

图 5-30　制作动画结束帧

图 5-31　创建传统补间动画

 扩展知识

1. 在运动补间动画中改变颜色和透明度

刚才的实例是使用运动补间动画使组合对象的位置发生了变化，利用属性面板中的参数设置，通过更改元件属性和补间动画的属性可以达到更美的效果，各属性如图 5-32 所示。

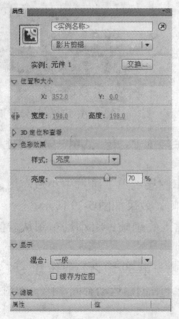

图 5-32　帧属性和补间动画属性

常用的属性有以下几项：

（1）缓动　应用于有速度变化的动画效果，可以输入 – 100 ～ 100 之间的值，0 值以上是由快到慢，0 值以下是由慢到快。

（2）旋转　设置对象的旋转效果，包括"顺时针"、"逆时针"和"无"三项。

（3）色彩效果　包括"无"、"亮度"、"色调"、"高级"、"Alpha"四项。

图 5-33　通过改变起止关键帧的状态实现旋转

2. 使用运动补间动画进行旋转

1）通过补间动画属性中的旋转参数设置。

2）通过改变起止关键帧的状态实现。动画轨迹如图 5-33 所示。

任务三　制作"飘落的树叶"引导层动画

知识目标：掌握图层的类型、图层的操作及引导层动画的制作方法。

技能目标：熟练掌握图层的操作及引导层动画在动画制作中的应用技能。

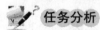　**任务描述**

每到秋天，嫩绿的树叶开始变黄，并不断地从树枝上飘落下来，本次任务就来制作"飘落的树叶"引导层动画，此动画展现了秋天的树叶不断飘落的动画效果，效果如图 5-34 所示。

任务分析

本项任务是让学生理解引导层动画的制作原理，首先建立引导层和被引导层，然后在引导层绘制引导线，被引导层建立运动补间动画，最后把被引导层起始和终止关键帧中的元件分别对应放置在引导线起始和终止点上。

　相关知识

图 5-34　引导层动画实例效果

1. 图层

在 Flash 动画中，可以将图层看作一张张透明的纸，每张纸上都有不同的内容，将这些纸叠在一起就组成一幅比较复杂的画面。在某图层添加内容，会遮住下一图层中相同位置的内容。如果其上一图层的某个位置没有内容，透过这个位置就可以看到下一图层相同位置的内容。

2. 图层的特点

图层的特点主要有以下两个方面：

1）对某一图层中的对象或动画进行编辑和修改，不会影响其他图层中的对象。

2）利用特殊的图层可以制作特殊的动画效果，如利用遮罩层可以制作遮罩动画，利用引导层可以制作引导动画。

3. 图层的类型

图层主要有三种类型，各图层类型的含义如下：

（1）普通图层　普通图层的图标为 ⊞。启动 Flash 后，默认情况下只有一个普通图层，单击新建图标可以新建一个普通图层。

（2）遮罩图层　遮罩图层用于遮罩被遮罩图层上的图形，遮罩层图标为 ⊡，被遮罩图层的图标为 ⊞。

（3）引导图层　引导图层的图标为 ⚒，用于引导其下面图层中的对象。

4. 图层的操作

（1）创建和删除图层或图层文件夹　在创建了一个新图层或图层文件夹之后，它将出现在所选图层的上面，新添加的图层将成为活动图层。

1）若要创建图层，可进行以下操作之一：

① 单击时间轴底部的"新建图层"⬚按钮。

② 选择"插入"→"时间轴"→"图层"菜单命令。

③ 右键单击一个图层，在弹出的快捷菜单中选择"插入图层"。

2）若要创建图层文件夹，可进行以下操作之一：

① 在时间轴中选择一个图层或文件夹，然后选择"插入"→"时间轴"→"图层文件夹"菜单命令。

② 右键单击一个图层，在弹出的快捷菜单中选择"插入文件夹"，新文件夹将出现在所选图层或文件夹的上面，如图 5-35 所示。

3）若要删除图层或文件夹，可进行以下操作之一：

① 在时间轴中选择一个图层或文件夹，然后单击图层控制区下方的"删除"按钮。

② 右键单击一个图层，在弹出的快捷菜单中选择"删除图层"或"删除文件夹"。

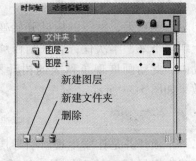

图 5-35　创建图层文件夹

（2）查看图层或图层文件夹　在工作过程中，可能需要显示或隐藏图层或文件夹。时间轴中图层或文件夹名称旁边的"红色叉"表示它处于隐藏状态，这只是在编辑状态下隐藏，不会影响发布后的效果。

1）要显示或隐藏图层或文件夹，可进行以下操作之一：

① 单击时间轴中图层或文件夹名称右侧的"眼睛"列，可以隐藏该图层或文件夹，再次单击可以显示该图层或文件夹。

② 单击"眼睛图标"可以隐藏时间轴中的所有图层和文件夹，再次单击可以显示所有的图层和文件夹，如图5-36所示。

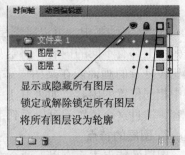

图 5-36　显示或隐藏所有图层

为了区分对象所属的图层，可以用彩色轮廓显示图层上的所有对象，还可以更改每个图层使用的轮廓颜色。

2）若要查看图层上内容的轮廓，可进行以下操作之一：

① 单击图层名称右侧的"轮廓"列可以显示该层上所有对象的轮廓，再次单击可以关闭轮廓显示。

② 单击轮廓图标可以显示所有图层上的对象的轮廓，再次单击可以关闭所有图层上的轮廓显示。

3）若要更改图层的轮廓颜色或图层高度，可进行以下操作之一：

① 双击时间轴中图层的图标（即图层名称左侧的图标）。

② 右键单击一个图层，在弹出的快捷菜单中选择"属性"。

③ 在时间轴中选择该图层，然后选择"修改"→"时间轴"→"图层属性"菜单命令。在"图层属性"对话框中，单击"轮廓颜色"复选框，然后选择新的颜色、输入颜色的十六进制值或单击"颜色选择器"按钮选择一种颜色，或者通过"图层高度"选项更改高度。

4）若要更改时间轴中显示的图层数，可直接拖动分隔舞台区域。

5. 引导层动画原理

通过在引导层上的引导线来作为被引导层上元件的运动轨迹，从而实现对被引导层上元素的路径约束。制作一个引导层动画需要至少两个图层配合，上面的图层是引导层，下面的图层是被引导层。图 5-37 中"引导层：图层 1"是引导层，"图层 1"是被引导层。

6. 创建引导层的两种方法

1）在图层上单击鼠标右键，在弹出的快捷菜单中选取"添加传统运动引导层"命令（适用于还没有创建引导层的图层），会自动创建引导层，刚才选择的图层会变成被引导层，如图 5-37 所示。

2）在图层上单击鼠标右键，在弹出的快捷菜单中选取"引导层"命令（适用于已经创建了引导层和被引导层的图层），即可完成引导层的创建，如图 5-38 所示。

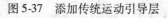

图 5-37　添加传统运动引导层

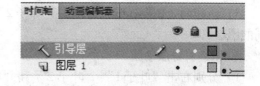

图 5-38　添加引导层

但这时还需要把"图层 1"设为被引导层，即用鼠标将"图层 1"拖到引导层的下面，当引导层的图标从　变为　时释放，即可将其转换为被引导层。

7. 创建引导层的注意事项

1）引导层上的路径在发布后，并不会显示出来，只是作为被引导元件的运动轨迹。

2）在被引导层上被引导的图形必须是元件，而且必须创建运动补间动画，同时还需要将元件在关键帧处的"变形中心"设置到引导层上的路径上，才能成功创建引导层动画。

3）被引导层可以有多个，即多层被引导。

△ **任务实施**

1. 导入素材

1）打开 Flash CS4 窗口，新建 Flash 文档，在属性面板中设置宽度为"400"，高度为"600"。

2）单击"窗口"→"库"菜单命令，调出"库"面板，选择"文件"→"导入"→"导入到库"菜单命令，在弹出的"导入到库"对话框中选择"背景 2. jpg"和"树叶. jpg"文件，单击"打开"按钮，将文件导入到"库"面板中。

3）打开"库"面板，将"背景 2. jpg"图片拖拽到舞台，调整图片大小与舞台大小相同并重合，并将"图层 1"更名为"背景"。

2. 编辑图片

1）单击时间轴下方的"新建图层"按钮，新建一个图层，并命名为"叶子 1"，将"库"面板中的叶子图片拖拽到舞台，效果如图 5-39 所示。

2）利用在模块四中所学内容，选择需要的树叶并删除背景，效果如图 5-40 所示。

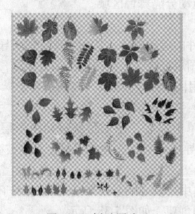

图 5-39　树叶图片

图 5-40　从图片中选出需要的树叶

3）新建两个图层，分别命名为"叶子 2"和"叶子 3"，并将三个叶子图片分别放在不同的图层上。

3. 创建引导层动画

1）分别右击"叶子 1"、"叶子 2"和"叶子 3"三个图层，打开快捷菜单，选择"添加传统运动引导层"命令，分别在叶子的三个图层上方创建三个引导层。

2）在"引导层：叶子 1"图层的第 1 帧，选择铅笔工具绘制运动轨迹，同理分别在"引导层：叶子 2"和"引导层：叶子 3"图层中绘制引导线，如图 5-41 所示。

3）选择所有图层的第 40 帧，按 F5 键插入帧，来延长帧。

4）选择"叶子 1"、"叶子 2"和"叶子 3"图层的第 40 帧分别插入关键帧，将第 1 帧的叶子放在线的顶端，将第 40 帧的叶子放在线的底端，并将第 1 帧上的叶子等比例缩小（这样的动画会给人感觉叶子由小到大，由远到近的效果），效果如图 5-42 所示。

5）选择"叶子 1"、"叶子 2"和"叶子 3"图层的第 1 至 39 帧之间的任意一帧，右键单击选择"创建传统补间"命令。时间轴效果如图 5-43 所示。

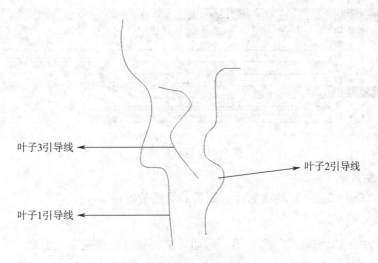

图 5-41　绘制引导线

图 5-42　叶子第 1 帧和第 40 帧所处的位置

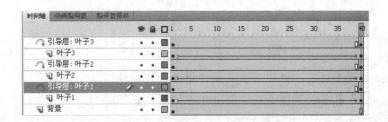

图 5-43　各图层时间轴效果图

 提示

　　1）在制作引导动画时，叶子的起始关键帧和结束关键帧一定要把叶子分别放在引导线的两个端点上，否则它不会沿着引导线运动。

　　2）为了使动画更加逼真，应让叶子在不同时刻落下，而不是同时下落、同时着地，这时可以将时间轴调整为如图5-44所示的效果。

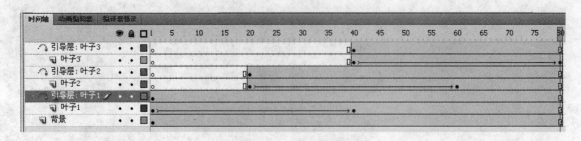

图 5-44　调整时间差

4. 测试动画效果

按组合键"Ctrl + Enter"测试影片，观看动画播放效果。

小技巧：

1）在设计中，如果选中了 ⬜ 按钮，运动对象就会自动移到路径上来，并且会被限制在路径上。

2）在对象的运动过程中，如果没有选中补间属性中的"调整到路径"复选框，则对象只做平动。如果选中了该复选框，对象在运动时将保持与路径的切线夹角的角度不变进行运动，如图 5-45 所示。

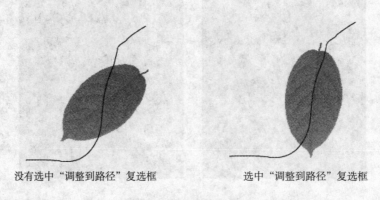

没有选中"调整到路径"复选框　　　　　选中"调整到路径"复选框

图 5-45　叶子的运动效果

任务四　制作"聚光灯效果"的遮罩动画

> **知识目标：**掌握遮罩层、创建遮罩层及遮罩动画的制作方法。
> **技能目标：**熟练掌握遮罩动画在动画制作中的应用技能。

📖 **任务描述**

制作"聚光灯效果"的遮罩动画，使美丽的图片就像被灯光扫过一样，但只有被灯光扫过的地方清晰可见，效果如图 5-46 所示。

✏️ **任务分析**

本项任务是让学生理解遮罩动画的制作原理及制作过程。首先创建遮罩层和被遮罩层，

图 5-46 "聚光灯效果"的遮罩动画效果图

然后根据实例效果制作遮罩层的动画效果和放置被遮罩层的背景，最后建立遮罩关系并达到最终效果。

 相关知识

1. 遮罩层

遮罩层是图层的一种，其主要功能是遮住下面图层的某一部分不让其显示出来，只能透过遮罩层上的形状才可以看到被遮罩层的内容。

2. 创建遮罩层

1）在选定的图层上单击鼠标右键，在弹出的快捷菜单中选择"遮罩层"命令，该图层会转换为"遮罩层"，并会自动将下一层关联为"被遮罩层"，同时图标变为被遮罩层图标。

2）在选定的图层上单击鼠标右键，在弹出的快捷菜单中选择"属性"命令，在"图层属性"对话框中设置图层为"遮罩层"，如图 5-47 所示。

一个遮罩层效果的实现至少需要两个图层，上面的图层是遮罩层，下面的图层是被罩遮层。如图 5-48 所示，"图层 2"是遮罩层，"图层 1"是被遮罩层。

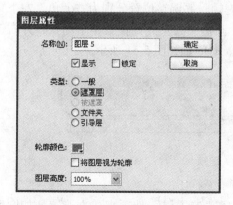

图 5-47 "图层属性"对话框

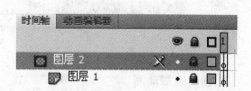

图 5-48 遮罩层与被遮罩层

创建后，遮罩层和被遮罩层会自动被锁定，如果想继续编辑这两个图层，只需要将图层解锁即可。

3. 遮罩动画的制作特点

1）遮罩层的形状是显示的范围，显示的内容是被遮罩层的内容。

2）为了创建动态效果，通常让遮罩层或被遮罩层进行形状或位置上的变化。

任务实施

1. 导入素材

1）打开 Flash CS4 窗口，新建 Flash 文档，文档属性设置为默认。

2）单击"窗口"→"库"菜单命令，调出"库"面板，选择"文件"→"导入"→"导入到库"菜单命令，在弹出的"导入到库"对话框中选择"背景 3.jpg"文件，单击"打开"按钮，将文件导入到"库"面板中。然后，将图片拖到第 1 帧的场景中居中作为被遮罩层，如图 5-49 所示。

2. 创建和编辑遮罩层

1）在"图层 1"上面创建一个新图层"图层 2"，选择椭圆工具，在第 1 帧舞台左上角绘制一个圆并转换为元件作为遮罩层，如图 5-50 所示。

图 5-49　被遮罩层内容　　　　　　　图 5-50　遮罩层内容

2）在图层 2 第 10、20、30 帧处分别插入关键帧，并调整位置分别为右上角、左下角和右下角，最后在第 40 帧处使用"任意变形工具"调整"圆"元件覆盖整个场景，并右键单击帧选择"创建传统补间"命令，制作动画效果。时间轴如图 5-51 所示。

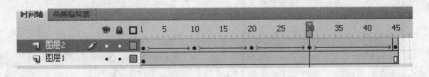

图 5-51　插入关键帧

3. 创建遮罩动画

右键单击"图层 2"在弹出的快捷菜单中选择"遮罩层"选项来建立遮罩，如图 5-52 所示。

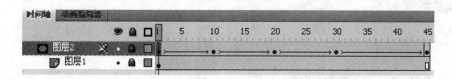

图5-52 建立遮罩

4. 测试动画效果

按组合键"Ctrl + Enter"测试影片，观看动画播放效果。

单元三 场 景

任务一 制作运动补间动画与引导动画场景转换动画

> **知识目标：**掌握创建场景的方法及场景操作方法。
>
> **技能目标：**熟练掌握多个场景的应用技能。

 任务描述

当制作一个较大的动画，时间轴过多或者多人合作分场景制作动画的时候，会涉及制作运动补间动画与引导动画场景转换动画，本项任务是制作多场景动画效果，如图5-53所示。

任务分析

本项任务要让学生理解场景的概念，掌握场景的基本操作。首先分别打开需要放置的两段动画，然后建立场景，最后将两段动画分别复制到两个场景中。

相关知识

1. 场景

场景的作用其实是方便管理，就像电影中的一幕。播放动画时，Flash将按照场景的排列顺序来播放，最上面的场景最先播放。

2. 创建场景

创建场景的方法有以下两种：

1）执行"插入"→"场景"菜单命令。

2）执行"窗口"→"其他面板"→"场景"命令或按组合键"Shift + F2"，在打开的"场景"面板中单击添加按钮，如图5-54所示。

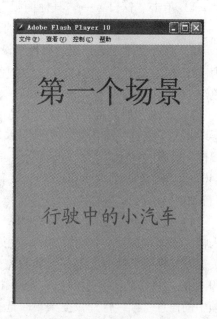

图5-53 制作运动补间动画与引导动画场景转换动画实例效果

3. 切换场景

切换场景的方法有以下两种：

1）在"编辑场景"中选择要切换的场景，如图 5-55 所示。

图 5-54　"场景"面板

图 5-55　切换场景

2）执行"窗口"→"其他面板"→"场景"命令或按组合键"Shift + F2"，在打开的"场景"面板中单击选择要切换的场景进行场景切换。

4. 重命名场景

在"场景"面板中双击需要重新命名的场景名称，输入新的场景名称。

 任务实施

1. 新建 Flash 文件

打开 Flash CS4 窗口，新建 Flash 文档，进入新建文档舞台窗口。按"Ctrl + F3"键，弹出文档"属性"面板，单击"大小"选项后面的"编辑"按钮，在弹出的对话框中将舞台窗口的宽度设为"380"，高度设为"507"。

2. 制作"场景 1"

1）单击"窗口"→"其他面板"→"场景"命令，打开"场景"面板，双击"场景1"进入输入状态，输入"第一个场景"文字，将场景更名。

2）选择文本工具，更改属性，设置"字体"为"宋体"，"字号"为"60"，"颜色"为"蓝色"，在舞台上输入"第一个场景"文字。

3）单击"时间轴"面板左下角的"新建图层"按钮，新建一个图层，选择文本工具，更改属性，设置"字体"为"楷体"，"字号"为"40"，"颜色"为"#666633"，在舞台上输入"行驶中的小汽车"文字。

4）选择"图层1"的第39帧，按F5键插入帧，选择"图层2"的第30帧，按F6键插入关键帧，将第1帧的文字移到舞台左外侧，将第30帧的文字移到舞台中间，右键单击第1至29帧中的任意一帧，打开快捷菜单，选择创建传统补间。再选择第39帧，按F5键插入帧来延长帧，图层及文字效果如图5-56所示。

图 5-56　图层及文字效果一

5）打开"行驶中的小汽车"动画文件，选择所有图层上的帧，并右键单击，在弹出的快捷菜单中选择"复制帧"。

6）在新建文件中新建一个图层，选择第 40 帧右键单击，在弹出的快捷菜单中选择"粘帖帧"，如图 5-57 所示。

图 5-57　粘帖帧

3. 制作"场景 2"

1）单击"插入"→"场景"菜单命令，创建一个场景并切换到"场景 2"编辑窗口中，打开"场景"面板，将其更名为"第二个场景"，如图 5-58 所示。

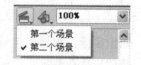

图 5-58　建立并切换到"场景 2"

2）选择文本工具，更改属性，设置"字体"为"宋体"，"字号"为"60"，"颜色"为"蓝色"，在舞台上输入"第二个场景"文字。

3）单击"时间轴"面板左下角的"新建图层"按钮，新建一个图层，选择文本工具，更改属性，设置"字体"为"楷体"，"字号"为"40"，"颜色"为"#666633"，在舞台上输入"飘落的树叶"文字。

4）选择"图层 1"的第 39 帧，按 F5 键插入帧，选择"图层 2"的第 30 帧，按 F6 键插入关键帧，将第 1 帧的文字移到舞台左外侧，将第 30 帧的文字移到舞台中间，右键单击第 1 至 29 帧中的任意一帧，打开快捷菜单，选择创建传统补间。再选择第 39 帧，按 F5 键插入帧延长帧，图层及文字效果如图 5-59 所示。

5）打开"飘荡的树叶"动画文件，选择所有图层上的帧，并右键单击，在弹出的快捷菜单中选择"复制帧"。

6）在新建文件"第二个场景"中新建一个图层，选择第 40 帧右键单击，在弹出的快捷菜单中选择"粘帖帧"。

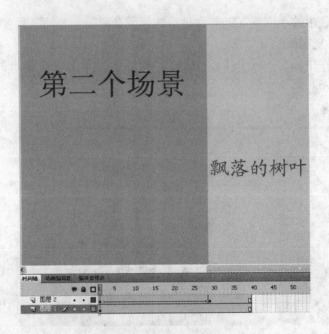

图 5-59　图层及文字效果二

7）同时将该文件保存为"补间动画与引导动画场景转换动画.fla"。

4. 测试动画效果

按组合键"Ctrl + Enter"测试影片，观看动画播放效果。

任务二　制作"弹簧振子"场景转换动画

> **知识目标：**掌握创建场景的方法及场景的操作方法。
> **技能目标：**熟练掌握多个场景的应用技能。

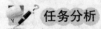 **任务描述**

在制作动画的过程中，有时需要制作一个能够表达完整内容的动画，在制作动画时一般先要制作关于动画的一些文字说明，然后制作动画效果，本项任务通过制作"弹簧振子"动画来说明此项问题，效果如图 5-60 所示。

任务分析

本项任务是让学生理解场景的概念，掌握场景的基本操作。首先分别制作文字和线的动画效果，然后创建场景，制作弹簧振子振动的动画效果。

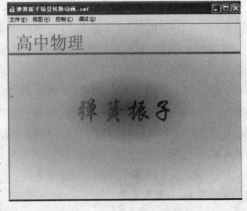

图 5-60　弹簧振子实例效果

相关知识

1. 改变场景顺序

单击"窗口"→"其他面板"→"场景"命令或按组合键"Shift + F2",在打开的"场景"面板中拖动选择要改变的场景到需要的位置,如图 5-61 所示。

2. 复制场景

选择一个场景后单击复制场景按钮,即可复制一个与所选场景内容完全相同的场景,复制的场景变为当前场景。

3. 删除场景

单击删除场景按钮即可删除所选的场景。

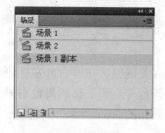

图 5-61 改变场景顺序

任务实施

1. 新建 Flash 文件

打开 Flash CS4 窗口,新建 Flash 文档,设置舞台属性:"背景色"为"#999999","帧频"为"8"。

2. 制作"场景1"动画

1)选择矩形工具,将"笔触颜色"设置为"无","填充颜色"设置为"放射状填充",从左到右色块颜色为:"#996666、#99FF66、#FFFF66",在舞台上绘制作一个矩形,大小与舞台相同并与舞台重合,效果如图 5-62 所示。

2)将"图层 1"更名为"背景",新建一个图层,命名为"文字 1",选择文本工具,更改属性,设置"字体"为"宋体","字号"为"40","颜色"为"红色",在舞台外左上角输入文字"高中物理"。选择"文字 1"图层的第

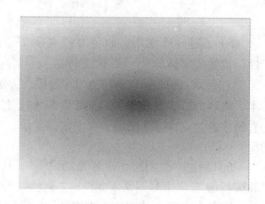

图 5-62 矩形设置效果

5 帧,按 F6 键插入关键帧,将文字移入舞台内的左上角,右键单击第 1 至第 4 帧中的任意一帧,创建传统补间,效果如图 5-63 所示。

高中物理　　　　　　　　　　　　　　　高中物理

图 5-63 文字在不同帧的位置图

3)新建一个图层,命名为"线",选择线条工具,更改属性,设置"笔触颜色"为"#CC6633","线宽"为"5",选择第 10 帧,按 F6 键插入关键帧,在舞台外左上角创建一个与舞台同宽的线条。选择第 13 帧,按 F6 键插入关键帧,将线由舞台外平移到舞台中间,右击第 10 至第 12 帧中的任意一帧,创建传统补间,效果如图 5-64 所示。

4)新建一个图层,命名为"矩形",选择矩形工具,更改属性,设置"笔触颜色"为"无","填颜色"为"线性多色"、(颜色可根据个人爱好选择),选择第 18 帧,按 F6 键插

图 5-64　线条在不同帧的位置图

入关键帧，在舞台外左侧创建一个长条矩形。选择第 53 帧，按 F6 键插入关键帧，将矩形由舞台外左侧平移到舞台右外侧。右键单击第 18 至第 52 帧中的任意一帧，创建传统补间，效果如图 5-65 所示。

图 5-65　矩形在不同帧的位置图

5）新建一个图层，命名为"文字 2"，选择文字工具，更改属性，设置"字体"为"微软简行楷"，"字号"为"60"，"颜色"为"红色"，选择第 18 帧，按 F6 键插入关键帧，在舞台中间创建文本，内容为"弹簧振子"。选择第 53 帧，按 F5 键插入帧来延长帧。右键单击"文字 2"图层，弹出快捷菜单，选择"遮罩层"，效果如图 5-66 所示。

图 5-66　文字效果图

6）新建一个图层，命名为"说明"，选择文字工具，更改属性，设置"字体"为"微软简行楷"，"字号"为"30"，"颜色"为"#6600CC"。选择第 54 帧，按 F6 键插入关键帧，在舞台中间创建文本，内容如图5-67所示。选择文字，按"Ctrl + B"键，将文字分离。选择第 55 帧，按 F6 键插入关键帧，将文字最后的省略号删除。依此类推，每插入一个关键帧，就将剩余文字的最后一个字删除，直到剩下一个字为止。选择第 54 帧到第 130 帧，单

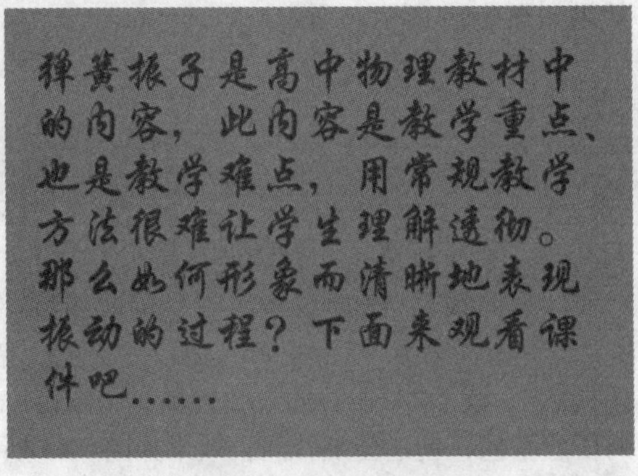

图 5-67　说明文字内容

击"修改"→"时间轴"→"翻转帧"菜单命令，将所选帧进行翻转。

7）选择"背景"、"文字 1"、"线"和"说明"图层的第 140 帧，按 F5 键延长帧。

3. 制作"场景 2"动画

1）单击"插入"→"场景"菜单命令，创建一个"场景 2"，将"图层 1"更名为"底板"，并绘制如图 5-68 所示的图形。

2）新建一个图层，命名为"弹簧"，选择线条工具，更改属性，设置"笔触颜色"为"黑色"，"线宽"为"1"，绘制如图 5-69 所示图形。

图 5-68 底板图形

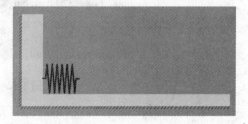

图 5-69 绘制弹簧

3）新建一个图层，命名为"球"，选择椭圆工具，更改属性，设置"笔触颜色"为"无"，"填充颜色"为"放射状"，"颜色"为"黑白渐变"，中间为白色，绘制如图 5-70 所示图形。

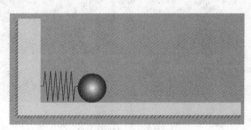

图 5-70 绘制球

4）新建一个图层，命名为"标注"，选择文本工具，更改属性，设置"字体"为"微软简行楷"，"字号"为"15"，"颜色"为"红色"，输入如图 5-71 所示文字。选择线条工具，更改属性，设置"笔触颜色"为"黑色"，"线宽"为"3"，在舞台上绘制如图 5-71 所示线条并标注文字。

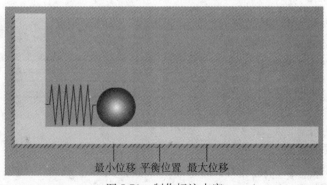

图 5-71 制作标注内容

5）选择"弹簧"和"球"图层的第 10 帧，按 F6 键插入关键帧，将小球和弹簧用任意变形工具调整到如图 5-72 所示位置。

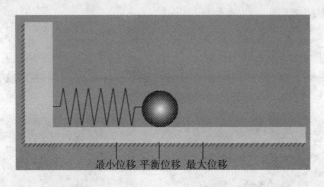

图 5-72　第 10 帧位置

6）选择"弹簧"和"球"图层的第 20 帧，按 F6 键插入关键帧，将小球和弹簧用任意变形工具调整到如图 5-73 所示位置。

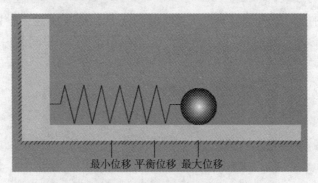

图 5-73　第 20 帧位置

7）选择"弹簧"和"球"图层的第 30 帧，按 F6 键插入关键帧，将小球和弹簧的第 10 帧进行复制，然后粘贴到第 30 帧处。

8）选择"弹簧"和"球"图层的第 40 帧，按 F6 键插入关键帧，将小球和弹簧的第 1 帧进行复制，然后粘贴到第 40 帧处。

9）分别选择"弹簧"和"球"图层的第 1、10、20、30 帧，右键单击选择"创建补间形状"，效果如图 5-74 所示。

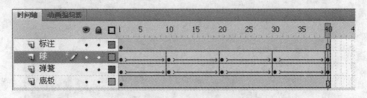

图 5-74　补间形状时间轴效果

4. 设置弹簧振子缓冲

分别选择"弹簧"和"球"图层的第 1、20 帧，打开"属性"面板，将缓动值设置为"−100"，分别选择"弹簧"和"球"图层的第 10、30 帧，打开"属性"面板，将缓动值设置为"100"。

5. 测试动画效果

按组合键"Ctrl + Enter"测试影片，观看动画播放效果。

 扩展知识

关于场景

场景可以按主题来组织、管理我们设计的动画，例如创作长篇幅动画、简介、下载信息指示和片尾致词等可以使用不同的场景，非常方便。

有些时候应该避免使用场景，具体如下：

1）在多个创作环境中进行编辑时，场景会使文档难以编辑。任何使用这个 FLA 文档的工作人员都必须在一个 FLA 文件内搜索多个场景来查找代码和资源，这样很不方便，此时可以考虑改为加载内容或使用影片剪辑。

2）场景通常会导致 SWF 文件很大。使用场景会让设计者倾向于将更多的内容放在一个 FLA 文件中，因此，有了场景相当于强迫观看者连续下载整个 SWF 文件，即使不愿或不想观看全部文件也要下载整个 SWF 文件。

3）与 ActionScript 结合的场景可能会产生意外的结果。因为每个场景时间轴都压缩至一个时间轴，所以可能会遇到涉及 ActionScript 和场景的错误，这通常需要进行额外的复杂调试。

👉 **技能操作练习**

打开模块四制作的"校园生活图片展"动画文件，按照下列要求创建动画。具体要求如下：

1）制作"开门"动画，如图 5-75 所示。

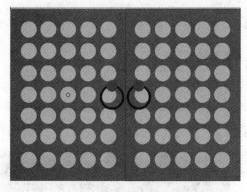
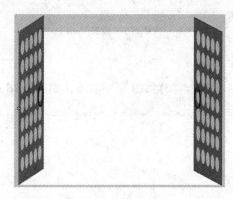

a）第1帧状态 　　　　　　　　　　　　　　　　b）第60帧状态

图 5-75　开门动画

2）制作"开锁"动画，如图 5-76 所示。

a）第1帧状态　　　　　b）第5帧状态　　　　　c）第10帧在舞台下方状态

图 5-76　开锁动画

3）制作"文字"动画，如图 5-77 所示。

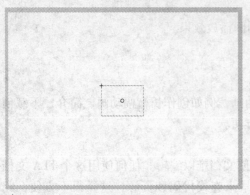

a）第1帧将文字缩小并设置Alpha为"0"

b）第25帧将文字放大并设置Alpha为"100"

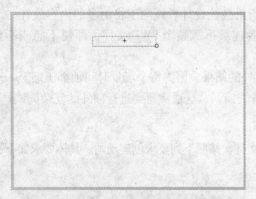

c）第35帧将文字缩小并设置Alpha为"0"

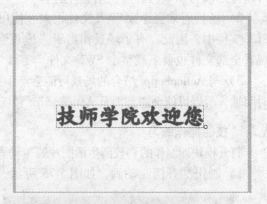

d）第60帧将文字放大并设置Alpha为"100"

图 5-77　文字动画

4）制作"背景图片"动画，如图 5-78 所示。

a）第1帧设置Alpha为"0"

b）第130帧设置Alpha为"100"

图 5-78　背景动画

模块六　元件、实例和库的使用

6

单元一　创建和编辑元件

任务一　创建橙子图形元件

> **知识目标**：了解元件、实例和库的知识，掌握图形元件的创建和编辑方法。
> **技能目标**：掌握创建和编辑图形元件的技能。

 任务描述

黄果子，圆圆的，切开来，一瓣瓣，香香的，咬一口，酸甜的，大家猜这是什么？对了，它是橙子。橙子味道好，对人体健康有益。本项任务就是要制作橙子图形元件，要求创建图形元件，在图形元件中绘制半个橙子并展现橙子的横切面，绘制橙子皮和橙子瓣并填充颜色，效果如图 6-1 所示。

任务分析

本项任务是创建图形元件，在图形元件中绘制半个橙子，首先用椭圆工具绘制圆形的橙色渐变的圆形，再用椭圆工具、选择工具、任意变形工具绘制横切面的橙子瓣，调整大小后

图 6-1　橙子元件效果图

合并，再用椭圆工具和选择工具绘制一个椭圆，与绘制好的横切面合并，制作出半个橙子的效果。

相关知识

1. 关于元件

元件是 Flash 中很重要的应用，无论是编辑图形还是制作动画，都需要使用元件。它是指一个可以重复使用的图形、小动画或是一个按钮，例如绘制下雨时的雨滴、满天繁星等，都需要使用元件来完成。元件的作用如下：

1）制作动画时需要反复使用某个对象时，如雨滴、繁星等，可以将这些对象转换为元件或者新创建一个元件，在元件内部绘制该对象，创建好之后可以重复使用这些元件，不会增加 Flash 文件的大小。

2）可以使复杂动画变得简单。

3）制作交互动画时，需要使用元件。

2. 实例和库

当元件创建完成后就会被存放到库里，实例是把一个元件从库中拖放到舞台后产生的元件副本。修改实例不会改变元件，但是修改元件它所对应的实例就会发生相应的改变。

3. 创建和编辑元件

（1）创建元件

1）创建新的元件。选择"插入"→"新建元件"菜单命令，弹出"创建新元件"对话框，如图 6-2 所示。输入元件的名称，选择相应的类型，最后单击"确定"按钮，进入元件编辑区，元件编辑好后，看到库中增加该元件，它在库中的显示形式是"元件类型的图标＋元件名称"，如图 6-3 所示。

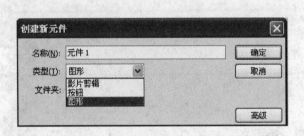

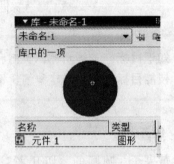

图 6-2　"创建新元件"对话框　　　　图 6-3　库中的元件名称

2）将舞台上的对象转换为元件。右击舞台上的对象，在打开的快捷菜单中选择"转换为元件"命令，弹出"转换为元件"对话框，选择相应的类型，单击"确定"按钮即可，如图 6-4 所示。这样舞台上的对象就以元件的身份存在于库中，随时调用。

图 6-4　"转换为元件"对话框

（2）编辑元件　如果觉得创建的元件需要编辑和修改，可以在库中双击该元件的类型图标，进入元件编辑区对它进行修改。

任务实施

1. 创建图形元件

1）打开 Flash CS4 的编辑窗口，选择"插入"→"新建元件"菜单命令，在弹出的窗口中输入元件的名称"橙子"，选择元件的类型"图形"，设置完成后单击"确定"按钮。

2）这时进入到了图形元件编辑模式，编辑窗口的右上角会由 场景1 变成

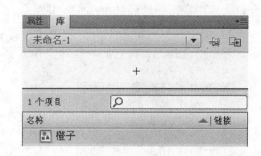

，这说明是在名为"橙子"的图形元件编辑模式下。库中也有这样一个元件，因为还没有在元件中编辑图形，所以是空白的，如图 6-5 所示。

图 6-5 库中的元件

2. 绘制圆形

1）单击工具箱中的椭圆工具，在颜色面板中设置"笔触颜色"为"无"，单击填充颜色，"类型"为"放射状"，设置两种颜色的渐变，左边是"#FFFFFF"，右边是"#FF9933"，如图 6-6 所示。设置好后在舞台上绘制一个正圆，如图 6-7 所示。

图 6-6 颜色面板设置　　　　图 6-7 绘制一个正圆

2）用选择工具选中该圆，执行"修改"→"组合"命令，或者是用快捷键"Ctrl + G"。

3. 绘制橙子瓣

1）选择椭圆工具，在舞台空白处绘制一个橙色椭圆，"笔触颜色"为"白色"，"笔触高度"为"2"，"填充色"为"#FF6600"，选中选择工具，对椭圆进行变形，并按"Ctrl + G"键组合，为了能看到白色笔触色把舞台背景改为黑色，如图 6-8 所示。

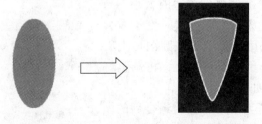

图 6-8 对椭圆进行变形

2）再用椭圆工具在舞台空白处绘制一个无笔触的白色小椭圆，制作橙子瓣中的小颗粒。在颜色面板设置其填充色类型为"放射状"，第二个色块为白色透明，"Alpha"值为"0"，如图 6-9 所示。用选择工具对其进行变形，如图 6-10 所示，如果觉得不方便可以把舞台放大后再变形，然后选中小颗粒并组合。

3）把小颗粒调整大小后放到橙子瓣上，呈现一粒粒在瓣上分布的效果，如图 6-11 所示，然后用选择工具将它们一起选中并组合。

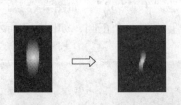

图 6-9　小颗粒颜色的设置　　　　图 6-10　对小颗粒进行变形　　　　图 6-11　一瓣橙子

4）利用变形工具将中心点下移，打开"变形"面板，在"旋转"命令后的文本中输入30.0°，并连续单击"重置选区和变形" 按钮，将橙子瓣全选组合，如图 6-12 所示。"变形"面板设置效果如图 6-13 所示。

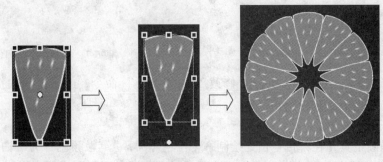

图 6-12　橙子瓣的组合

4. 绘制半个橙子

1）将组合好的橙子瓣调整到合适的大小，与第二大步中做好的圆叠放在一起，这时橙子瓣会显示在圆的下面，可以用选择工具在圆图形上右键单击，选择排列命令里的下移一层，将调整好的橙子瓣儿与圆组合，如图 6-14 所示。

2）用工具栏中的任意变形工具将组合后的图形进行倾斜变形，如图 6-15 所示。

3）在舞台空白处用椭圆工具画一个正圆，设置"笔触颜色"为"无"，"填充类型"为"放射状"，由两个色块组成，颜色分别是"#FFFFFF"和"#FF9933"，如图 6-16 所示。

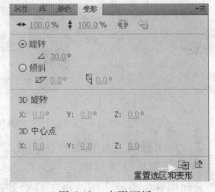

图 6-13　变形面板

图 6-14　橙子与圆组合

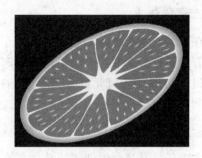

图 6-15　变形后的橙子横切面

图 6-16　用椭圆工具画一个正圆

4）把该圆移到橙子横切面上，进行调整变形，把圆稍微调整成椭圆，如图 6-17 所示。

5）选中橙子的横切面按两次"Ctrl + B"键将其分离，如图 6-18 所示，然后选中下面椭圆的上半部分，如图 6-19 所示。

图 6-17　图形变形

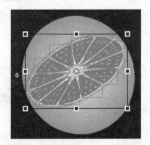

图 6-18　分离橙子的横切面

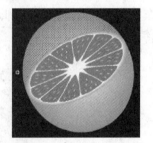

图 6-19　选中上半部分

6）按删除键把选中的椭圆的上半部分删除，半个橙子就做好了。

任务二　创建风车影片剪辑元件

知识目标：了解影片剪辑元件的创建和编辑方法。

技能目标：掌握创建和编辑影片剪辑元件，提高利用绘图工具和补间动画技术制作影片剪辑元件的操作技能。

任务描述

在我们的童年时期一定有关于风车的美好回忆，因此我们喜欢在有风的日子，拿着外形漂亮的风车左奔右跑。今天要做一个有关风车的影片剪辑元件。需要绘制一个有四个扇叶的彩色风车，利用补间动画制作出转动的效果，效果如图 6-20 所示。

任务分析

本项任务是让学生创建转动的风车影片剪辑元件，先用矩形工具制作出扇叶，用颜色填充工具填充颜色，将扇叶组合，再利用动作补间动画制作风车的转动效果。

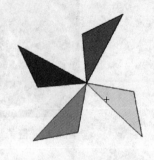

图 6-20　风车元件效果图

 相关知识

元件的类型

Flash 中的元件有三种类型，分别是图形元件、影片剪辑元件和按钮元件，这些元件都可以重复使用。

1）图形元件。通常用于制作静态图像，这种静态图像可以重复使用。

2）影片剪辑元件。它就是一个独立的小动画片段，像一个小电影，可以包含互动的控制、音效和其他电影片段，可重复使用，具有图形元件的所有功能。

3）按钮元件。用于创建响应鼠标单击、滑过或其他动作的交互按钮。

任务实施

1. 创建"风车"影片剪辑元件

1）新建一个 Flash 文档。

2）单击"插入"→"新建元件"菜单命令，打开"创建新元件"对话框，设置名称为"风车"，类型选择"影片剪辑"，如图 6-21 所示。设置好后单击"确定"按钮，进入影片剪辑编辑模式。

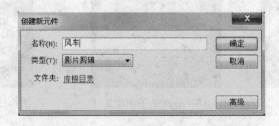

图 6-21　"创建新元件"对话框

2. 制作风车

1）选择工具栏中的"矩形工具"，设置矩形"笔触颜色"为"黑色"，填充色为"无色"，在舞台上绘制一个正方形，如图 6-22 所示。

2）用"任意变形工具"选中刚才所画的矩形，在选项区中选中"扭曲"按钮 ▱，这时把鼠标放到正方形的左下角，然后向正方形的对角线区域拖动，直到它成为一个三角形，松开鼠标，如图 6-23 所示。

3）复制粘贴三次这个三角形，此时舞台上出现四个同样的三角形，如图6-24所示。

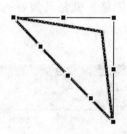

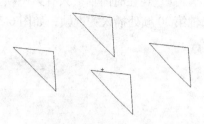

图6-22 绘制的正方形　　　　图6-23 扭曲后的正方形　　　　图6-24 复制粘贴后的三角形

提示　　在复制的时候每粘贴一个就要及时把其移走，否则会出现粘连。

4）以上图中部靠下的三角形作为参考固定不动，打开变形面板，右边的三角形顺时针旋转 –105°，如图6-25所示。把中部靠上的三角形挪开，把右边的三角形和中部靠下的三角形对接，如图6-26所示，依此类推，其他三角形分别顺时针旋转165°、90°，最后对接到一起，效果如图6-27所示。

图6-25 变形面板　　　　　　图6-26 对接后的三角　图6-27 对接完成风车轮廓

5）用颜料桶工具把四个三角形填充上不同的颜色，如图6-28所示，选中全部三角形按"Ctrl + G"键组合，然后用任意变形工具选中风车，这时会发现风车的中心点不在四个三角形的交接处，如图6-29所示。用鼠标点击中心点将其移动到四个三角形的交接处，如图6-30所示。

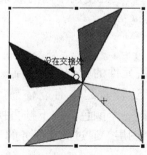

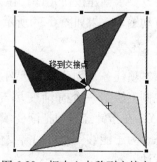

图6-28 填充上颜色的风车　　图6-29 中心没有在交接点　　图6-30 把中心点移到交接点

3. 制作转动的风车

1）现在时间轴上只有第一帧上有图像，就是已做好的风车，想要让它动起来，在时间轴第 30 帧处插入关键帧，如图 6-31 所示。

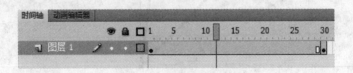

图 6-31　插入关键帧

2）在除最后一帧的任意一帧上单击鼠标的右键，在弹出的快捷菜单中选择创建传统补间，如图 6-32 所示。在属性面板中的旋转一栏选择顺时针旋转一次，如图 6-33 所示，按 "Ctrl + Enter" 键观看最终效果。

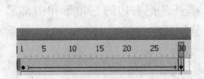

图 6-32　创建传统补间

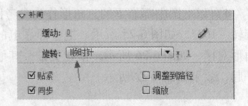

图 6-33　选择顺时针旋转

任务三　创建 PALY 按钮元件

知识目标：了解按钮元件的创建和编辑方法。
技能目标：掌握创建和编辑按钮元件的方法，提高制作按钮元件的操作技能。

📖 **任务描述**

我们在网上看一些动画短片，或者玩一些休闲小游戏时，经常要按一些按钮，这些按钮是控制事件进行的关键。本项任务是制作按钮元件，要求创建按钮元件，在元件的每一帧处使用不同的效果，使按钮有动感，效果如图 6-34 所示。

✏️ **任务分析**

本项任务是创建按钮元件，在按钮元件的弹起帧处绘制一个圆，

图 6-34　按钮效果图

再在圆上绘制一个有渐变填充的圆，这样看起来有立体感，再用文本工具在圆上写上 PLAY，在指针经过帧把渐变填充的圆换一个颜色，按下帧再换另一种颜色，以表示不同的状态，为了能够变换自如需要使用多个图层。通过此项任务的学习让学生掌握按钮元件的制作方法。

相关知识

按钮元件

在 Flash 中，要使作品具有交互功能，很多时候都会用到按钮，它可以控制动画播放的进程，创建按钮元件实际上是制作不同鼠标事件下的按钮显示状态。"弹起"帧表示鼠标指针不在按钮上时的状态。"指针经过"帧表示鼠标指针放置在按钮上时的状态。"按下"帧表示鼠标单击按钮时的状态。"点击"帧可以定义响应鼠标的区域，此区域在动画播放时不可见。

按钮元件具有以下特点：

1）按钮是用来响应鼠标事件的，用来创建按钮元件的对象可以是图形元件实例、影片剪辑实例、位图、组合、分散的矢量图形等。此外，可以分别设置在不同鼠标事件下的按钮状态，例如鼠标滑过或单击时的按钮形状。

2）要让按钮发生作用，需要为按钮实例添加动作脚本。

 任务实施

1. 创建按钮元件

打开 Flash CS4 的编辑窗口，选择"插入"→"新建元件"菜单命令，在弹出的对话框中输入元件的名称"按钮"，选择元件的类型"按钮"，如图 6-35 所示，设置完成后单击"确定"按钮。这时进入了按钮编辑模式，可以看到它的时间轴完全不同，如图 6-36 所示。

图 6-35　创建按钮元件

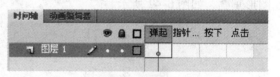

图 6-36　按钮元件编辑模式下的时间轴

2. 绘制第一层

1）选中弹起帧，在该帧上绘制一个按钮图形，先用椭圆工具在舞台上绘制一个正圆形，"笔触颜色"为"无"，"填充色"为"#FF-CC66"，按"Ctrl + G"键组合。再用椭圆工具绘制一个稍微小点的正圆，"笔触颜色"为"无"，"填充色"为"#FF6600"并组合，如图 6-37 所示。然后把两个正圆重叠，为了使它们对齐，可以使用对齐面板，让它们相对于舞台、垂直对齐、水平对齐，如图 6-38 所示。

图 6-37　绘制好的两个正圆

2）在"图层 1"的"按下"帧右键单击选择插入帧（或按 F5 键），这样"图层 1"上的内容会一直显示，如图 6-39 所示。

3. 绘制第二层

1）单击时间轴左下角的"新建图层"按钮，创建一个新的图层，单击第 1 帧，在舞台

图 6-38 设置对齐及对齐后的效果

上绘制一个更小一些的圆，设置"笔触颜色"为"无"，"填充色"为"放射状"，两个色块左边的为"#FFFFFF"，右边的为"#FF9900"，效果如图 6-40 所示。

图 6-39 在"图层 1"的"按下"帧插入帧   图 6-40 绘制的圆

使用填充变形工具把高光点向右上方移动，如图 6-41 所示。

2）用选择工具选中该圆，使用对齐面板让它相对于舞台居中对齐，并与"图层 1"的图形重叠，如图 6-42 所示。

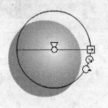

图 6-41 向右上方移动高光点   图 6-42 居中对齐

3）单击"图层 2"的第 2 帧，也就是"指针经过"帧，右击选择插入关键帧（或按 F6 键），并把该帧上圆的颜色变为黄色"#FFFF00"，类型还是"放射状"，如图 6-43 所示。

图 6-43 插入关键帧并变色

4）单击"图层 2"的第 3 帧插入关键帧，把圆的颜色变为绿色"#FFFF00"，如图 6-44 所示。这样设置的目的是为了在不同状态下有不同的效果，能够看出动感。

4. 绘制第三层

1）新建"图层3"，选择第1帧，选择文本工具，在舞台上单击并输入"PALY"，然后把文本移动到圆的中心，还是相对于舞台居中对齐，如图6-45所示。

图6-44　变为绿色

图6-45　文本居中

2）最后在这一层的"按下"帧插入帧，因为"点击"帧涉及动作，这部分内容将在下个单元再讲。这样一个简单的按钮就制作完成了，可以把库中制作好的按钮拖放到舞台上，然后测试效果。

单元二　创建和编辑实例

任务一　创建和编辑卡通人物实例

> **知识目标**：了解图形元件实例的应用，巩固和拓展绘制图形的思路。
> **技能目标**：掌握利用线条、椭圆等工具绘制图形元件的操作技能。

任务描述

哆啦A梦是我们儿时非常喜欢的卡通人物。本项任务是要利用元件实例来制作卡通人物哆拉A梦，效果如图6-46所示。

任务分析

本项任务是应用图形元件制作卡通人物，首先在舞台上利用绘图工具绘制出卡通人物哆啦A梦的头、眼睛、鼻子、嘴、胡子、手臂、身子、脚，然后分别转换为元件存放在库中，最后把它们都拖放到舞台上进行组合，在组合时有不合适的地方可以随时对元件进行修改，最后成为一个完整的卡通人物。

图6-46　卡通人物哆啦A梦

相关知识

1. 创建元件实例

把元件从库中拖拽到舞台上就生成了一个该元件的实例，每一个实例都会连接一个元件，实例的基本属性也是从元件获得的，每一个实例都有自己的属性，这个属性是实例自身的，与元件无关，当修改元件时，Flash会更新该元件涉及的所有实例。

2. 分离实例、更改实例属性

分离实例很简单，用鼠标选中舞台上要分离的实例，然后按组合键"Ctrl + B"便可分离。这时可对分离后的实例进行所需的变化，如填充颜色、改变线条粗细、改变形状等，这些变化都不会对库中相应的元件造成影响。

在不分离的情况下更改实例的属性也不会对相应的元件造成影响，如选中舞台上的实例，打开属性面板，可进行位置大小的设置，色彩效果的设置，如图 6-47 所示。

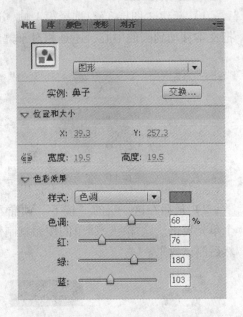

图 6-47　实例的属性面板

任务实施

1. 头部的绘制

1）新建一个空白的 Flash 文档，在舞台上绘制头部，在绘制前可以先观察一下哆啦A梦，他的头部是胖胖的，先用椭圆工具画一个黑色笔触，无填充的正圆形，然后用线条工具在圆的靠下部位画一条线，把下半部分截去，如图 6-48 所示。

2）然后对截好的线条进行调整，调整得更像头部，把线条的两头稍微拉长，调整好后再画一个类似的线条，轮廓要比上一个小，调整后把两个半圆嵌套起来，如图 6-49 所示。

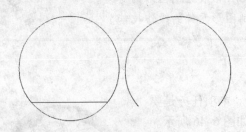

图 6-48　把圆截下一块

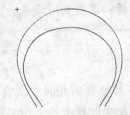

图 6-49　两个嵌套起来的半圆

3）用线条工具把图形的缺口封住，形成"头部"轮廓，然后填充上颜色"#0066FF"，如图 6-50 所示。然后用选择工具把头部全部选中，将其转换为元件，命名为"头部"，类型为图形，存放在库中，并将舞台上的头部删掉。

图 6-50　头部轮廓

2. 脸部的绘制

1）用椭圆工具在舞台上绘制一个小椭圆，然后对其进行复制粘贴操作，两个椭圆排列在一起，使用任意变形工具对两个椭圆进行细微的倾斜旋转，如图 6-51 所示。

2）调整好后在左边椭圆中绘制一个填充色为黑色、无笔触的小圆点，然后调整位置，在右边椭圆中绘制交叉的两小段黑色线条，最后用颜料桶工具将椭圆填充为白色，选中所有所绘图形，将其转换为元件，命名为"眼睛"，并将舞台上的眼睛删除，如图 6-52 所示。

3）用椭圆工具绘制一个笔触为黑色，填充色为红色的小圆，并转换为元件，命名为"鼻子"，如图6-53所示，然后将舞台上的鼻子删除。

4）用线条工具在舞台上绘制三条黑色的线条，转换为元件，命名为"胡子"，如图6-54所示，然后将舞台上的胡子删除。

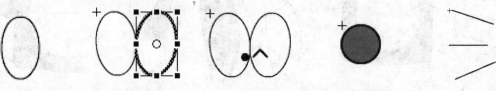

图6-51 对椭圆进行复制粘贴并旋转　　图6-52 眼睛　　图6-53 鼻子　　图6-54 胡子

5）用线条工具绘制一横一竖两条线，使用选择工具把横线调出弧度，转换为元件，命名为"嘴"，如图6-55所示，然后将舞台上的嘴删除。

3. 身体的绘制

1）把"头部"元件拖放到舞台上作参考，用矩形工具绘制一个笔触为黑色，填充色为红色的矩形，转换为元件，命名为"领子"，如图6-56所示。

2）哆啦A梦还有个名字叫小叮当，所以还需要画个铃铛。用椭圆和线条工具绘制一个挂在脖子上的铃铛，设置"笔触高度"为"2"，"填充色"为"#FFCC00"，椭圆的形状用选择工具稍作调整，如图6-57所示。将所绘图形转换为元件，并命名为"铃铛"。

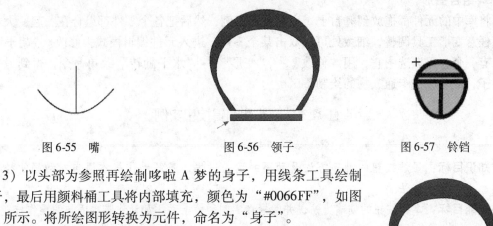

图6-55 嘴　　　　　　图6-56 领子　　　　　　图6-57 铃铛

3）以头部为参照再绘制哆啦A梦的身子，用线条工具绘制身子，最后用颜料桶工具将内部填充，颜色为"#0066FF"，如图6-58所示。将所绘图形转换为元件，命名为"身子"。

4）在身子上用线条和椭圆绘制肚子，填充白色，如图6-59所示。将所绘图形转换为元件，命名为"肚子"。

4. 四肢的绘制

1）用椭圆和线条工具绘制手臂，先绘制右臂，用椭圆绘制一个小正圆当手掌，用线条工具绘制手臂，为了填充颜色，可以选择线条工具把口封住，线条颜色与填充色相同，均为蓝色。然后把整个胳膊填充上蓝色，手填充白色，如图6-60所示。然后把所绘图形转换为元件，命名为"右臂"。

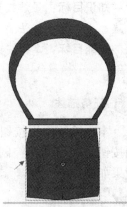

图6-58 身子

2）用同样的方法绘制左臂，和右臂不同的是，左臂是向下垂的，填充颜色和右臂相同，然后转换为元件，命名为"左臂"。左臂封口处为了与身体完美对接，要进行变形，用选择工具向左扩大封口处的填充，成为弧形，如图6-61所示。

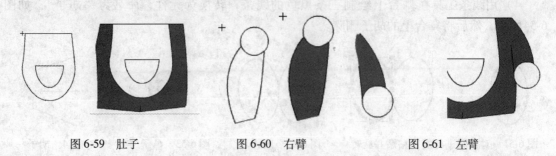

图6-59 肚子　　　　　图6-60 右臂　　　　　图6-61 左臂

3）用铅笔工具在身子下面绘制两只脚丫，后用线条封口，填充为白色，然后转换为元件，分别命名为"右脚"、"左脚"，如图6-62所示。

图6-62 脚

5. 组合图形

将库中的元件都拖放到舞台上，生成元件实例，然后把各个零件都组合在一起，大小可以用任意变形工具调整，细微处可以双击某个零件，进入元件编辑模式去修改。"胡子"元件只有一个，可以选中它，用"修改"→"变形"→"水平翻转"菜单命令，得到另一边的胡子，最后完成卡通人物的绘制。

任务二 创建和编辑按钮实例

> **知识目标：** 了解按钮的创建方法及动画的运动过程，了解动作脚本语句对动画的控制方法。
>
> **技能目标：** 掌握按钮的创建方法，并掌握在实例和帧上面添加动作脚本语句的操作技能。

📖 **任务描述**

本项任务要用按钮来控制一个弹跳的小球的运动，用按钮元件和动作控制语言来控制小球的停止或开始，效果如图6-63所示。

✏️ **任务分析**

本项任务是先做一个弹跳的小球的动画，"图层1"制作小球从上到下再从下到上的垂直运动；"图层2"给

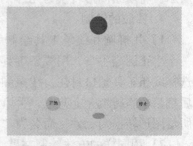

图6-63 弹跳的小球

小球添加影子，影子要随着小球的起落忽大忽小；"图层3"用来放两个按钮实例，进行动作的控制。

 相关知识

动作脚本

利用Flash动作脚本功能，可以制作具有交互功能的动画，它其实是一种编程语言，动作脚本最简单的应用是控制动画播放进程，例如单击动画中某个按钮停止播放动画、或转到动画的某个场景、打开某个网页。在下一模块中会做详细介绍。

 任务实施

1. 创建弹跳的小球补间动画

1）新建一个Flash文档，在选择要创建的文档类型时选择"Flash 文件（ActionScript2.0）"，如图6-64所示。如果创建的是3.0文档，就不能在实例上面添加动作，而只能在帧上添加。

2）将舞台背景色设置为"#CCCC00"，在舞台上绘制一个无笔触颜色，"填充色"为"蓝色"的小球，然后将它转换为元件，命名为"小球"，把小球拖拽到舞台靠上的部位，如图6-65所示。

3）把"图层1"重命名为"小球"，在"图层1"的第20帧处插入关键帧，把这一帧上的小球垂直移动到舞台靠下部位，如图6-66所示。

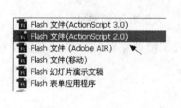

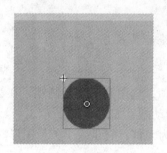

图6-64 选择2.0版本　　　图6-65 小球在舞台靠上部位　　　图6-66 小球在舞台靠下部位

4）在第25帧处插入关键帧，这时用任意变形工具把小球调扁些，如图6-67所示，然后选中第20帧，右键单击鼠标复制帧，再选中第30帧右键单击鼠标粘贴帧，这样第20帧上的对象就复制到了第30帧上，这样就有了小球从大变小又从小变大的效果。

5）最后选中第55帧插入关键帧，把小球再垂直向上移动一段距离，比第1帧要低些，不要与第1帧持平，因为根据常识球不会再弹到上次的高度，这样做比较形象。在各个关键帧之间右键单击鼠标创建传统补间动画，效果如图6-68所示。

图6-67 变扁的小球

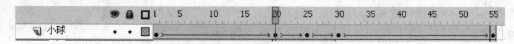

图6-68 创建跳动的小球的补间动画

2. 创建阴影补间动画

1）创建一个新的图层，命名为"阴影"，并且把它移到"小球"图层的下方，如图 6-69 所示。

2）在"阴影"图层第 1 帧处绘制一个浅灰色的椭圆，比小球要小些，保证和小球在一条垂线上，放在舞台靠下的部位作为小球的阴影，如图 6-70 所示。

图 6-69 阴影图层

3）在第 20 帧处插入关键帧，以小球为参照调整阴影的大小，如图 6-71 所示。

图 6-70 阴影的位置

图 6-71 调整第 20 帧的阴影大小

4）在第 30 帧处插入关键帧，选中第 1 帧复制帧，在第 55 帧处粘贴帧，最后在第 1 帧和第 30 帧处分别创建形状补间动画，如图 6-72 所示。

注意，这里阴影没有转换为元件，它是一个矢量图形。

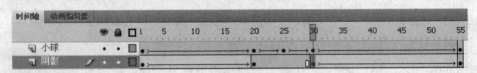

图 6-72 创建形状补间动画

3. 创建按钮

1）新建一个元件，命名为"开始"，类型为"按钮"。接下来做一个简单的按钮，首先在第 1 帧弹起帧绘制一个无笔触颜色，"填充色"为"#FF9966"的正圆，在正圆上用文本工具写上"开始"，然后调整大小，如图 6-73 所示。

2）在指针经过帧处插入关键帧，选中圆，把圆的"填充颜色"变为"#6699FF"，在其他两针处插入帧，如图 6-74 所示。

3）同理，再制作一个名为"停止"的按钮元件，制作方式和

图 6-73 "开始"按钮

"开始"按钮一样，只不过是把文字改为"停止"，如图6-75所示。

图6-74 变换圆的颜色和帧的效果　　　　　　图6-75 "停止"按钮

4. 执行动作

1）返回到场景，创建一个新的图层，命名为"按钮"，分别将库中的"开始"和"停止"按钮元件拖到该图层，然后调整大小放在舞台合适的位置，如图6-76所示。

2）在该图层第55帧处插入帧，现在按钮要发挥神奇的作用了，使用选择工具选中舞台上的"停止"按钮实例，单击"窗口"→"动作"菜单命令，打开动作面板，在左上角的栏中选择"ActionScript1.0&2.0"，然后双击下一行的"全局函数"→"影片剪辑控制"中的"on"命令，右边的脚本栏中就会出现on语句，选择"release"，如图6-77所示。

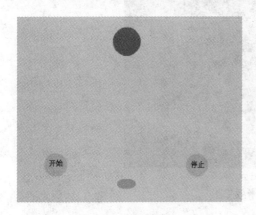
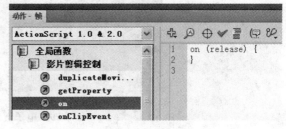

图6-76 按钮实例　　　　　　　　　　图6-77 动作脚本

3）将光标放在"脚本输入区"的"｜"括号前，再次选择"全局函数"→"时间轴控制"→"stop"命令，如图6-78所示，这样播放动画时，单击"停止"按钮动画就会停止播放。

图6-78 停止按钮的脚本

4）同理，在舞台中选择"开始"按钮实例，以同样的方法编写脚本，不同的是将"stop"改成"play"，按快捷键"Ctrl + Enter"测试影片。

任务三　制作"电子贺卡"影片剪辑动画实例

> **知识目标：**掌握图形元件、按钮元件、影片剪辑元件的创建与编辑方法。
> **技能目标：**熟练掌握不同元件的综合运用能力及在动画中的应用技能。

📖 任务描述

每逢过节、过生日的时候，人们为了来表达祝福的心意都喜欢送上贺卡，以前贺卡都是纸质的，在当今的信息社会人们开始使用电子贺卡。本项任务就是利用影片剪辑，结合本模块所学习的知识制作一个简单的电子贺卡，贺卡有美丽星空的背景，有闪烁的星星，有两行祝福的话语，还有一个飞舞的信封，最重要的还有 play 和 replay 按钮，效果如图6-79所示。

图 6-79　电子贺卡效果图

✏️ 任务分析

本项任务主要是影片剪辑实例的应用，制作该动画首先要把所需要的元件创建好，这里面有图形元件、按钮元件、影片剪辑元件。然后要创建多个图层来放置这些元件，再在时间轴上制作它们的动画效果，最终完成该任务。

🔍 相关知识

获取实例的有关信息

创建 Flash 应用程序时，特别是在处理同一元件的多个实例时，识别舞台上元件的特定实例是很困难的。可以使用"属性"检查器、"信息"面板或影片浏览器进行识别。"属性"检查器和"信息"面板会显示选定实例的元件名称，并有一个图标指明其类型（图形、按钮或影片剪辑）。此外，还可以查看下列信息：

在"属性"检查器中，可以查看实例的行为和设置；对于所有实例类型，均可以查看色彩效果设置、位置和大小；对于图形，还可以查看循环模式和包含该图形的第一帧；对于按钮，还可以查看实例名称（如果指定）和跟踪选项；对于影片剪辑，还可以查看实例名称（如果指定）；对于位置，"属性"检查器显示元件注册点或元件左上角的 X 和 Y 坐标，具体取决于在"信息"面板上选择的选项，如图 6-80 所示。

单击"窗口"→"信息"菜单命令，打开信息面板，可以查看实例的大小和位置、实例注册点的位置、实例的红色（R）、绿色（G）、蓝色（B）和 alpha（A）值（如果实例有实心填充），以及指针的位置。"信息"面板还显示元件注册点或元件左上角的 X 和 Y 坐标，具体情况视所选的选项而定。要显示注册点的坐标，单击"信息"面板内坐标网格中的中心方框；要显示左上角的坐标，单击坐标网格中的左上角方框，如图 6-81 所示。

图 6-80　属性面板

图 6-81　信息面板

任务实施

1. 背景制作

1）新建一个空白的 Flash 文档，单击"文件"→"导入"→"导入到舞台"菜单命令，在弹出的对话框中选择"素材"→"模块六"→"单元二"中的"夜 . jpg"文件，单击"打开"按钮，将文件导入到舞台，单击鼠标的右键转换为元件，名称为"夜"，类型为"图形"。选中舞台上的图片，打开"属性"面板，调整宽度为"611.9"，高度为"397.9"，相对于舞台居中对齐，并将舞台也调整成同样大小，如图 6-82 所示。

属性面板

图片位置

图 6-82　图片设置

2）把"图层 1"重命名为"背景"，在第 70 帧处插入帧。

2. 图形元件的制作

1）单击"插入"→"新建元件"菜单命令，命名为"文字 1"，类型为"图形"元件，在元件编辑模式下在舞台上用文本工具输入"祝愿你的梦想成真"几个字，字的大小为"25.0"，"字体"为"方正舒体"，"颜色"为"蓝色"，如图 6-83 所示。

"文字1"

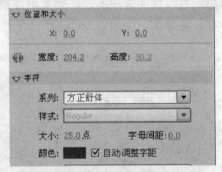

文字的属性设置

图 6-83　文字设置

2）用同样的方法，再创建一个图形元件，命名为"文字 2"，用文本工具输入"幸福到永恒"几个字，字的属性和"文字 1"一样。

3）创建一个新的图形元件，命名为"翅膀"，进入到元件编辑模式，把舞台的颜色变为黑色，用线条工具绘制几条连接的线段，线条的颜色为白色，用选择工具调整线条的弧度，效果如图 6-84 所示，

4）用油漆桶在画好的轮廓中填充上白色，这样一个翅膀图形元件就做好了，效果如图 6-85 所示。

图 6-84　翅膀的轮廓

图 6-85　绘制好的翅膀

3. 影片剪辑元件的制作

1）单击"插入"→"新建元件"菜单命令，创建一个名字为"闪烁的星星"的影片剪辑元件，在元件编辑模式下，选择"多角星形"工具，在属性面板中设置样式为"星形"，"边数"为"4"。如图 6-86 所示。

2）设置"笔触颜色"为"无"，"填充色"为"白色"，在舞台上绘制一个小星星，如图6-87所示，这是第一个图层的第 1 帧，在第 35 帧处插入关键帧，选中该帧上的星星，填充色变为蓝色"#0033FF"，鼠标在第 1 帧右键单击选择"创建补间形状"。

图 6-86 星形的设置

图 6-87 星星

3）在"闪烁的星星"影片剪辑元件中再创建三个新的图层，同样在每个图层都绘制一个星星，注意大小和位置要不同，可以随意绘制，但距离不要太大。"图层 2"在第 6 帧开始绘制，"笔触颜色"为"无"，起始"填充色"为"黄色"，在第 40 帧处插入关键帧，"填充色"变为"白色"，创建形状补间动画；"图层 3"在第 1 帧开始绘制，起始"填充色"为"#FF3399"，在第 35 帧处创建关键帧，"填充色"变为"#99FFCC"，创建形状补间动画；"图层 4"也是在第 6 帧处开始绘制，起始"填充色"为"白色"，在第 40 帧处插入关键帧，"填充色"变为"#666666"，创建形状补间动画，如图 6-88 所示。

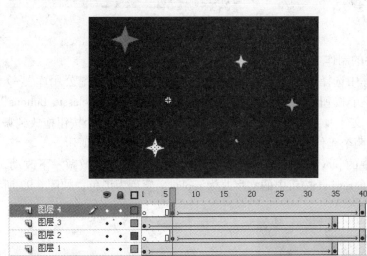

图 6-88 星星的动画

4）再新建一个新的影片剪辑元件，命名为"信封"，在"图层 1"第 1 帧处用矩形工具和线条工具绘制一个信封，用选择工具调整轮廓，线条颜色为"#FF66CC"，"填充色"为"#FF99FF"，效果如图 6-89所示。

5）在第 35 帧处插入关键帧，选中这一帧上的信封并垂直向下移动一小段距离，然后在第 1 帧处创建形状补间动画。

6）创建两个新的图层，选中"图层 2"第 1 帧将"翅膀"图形元件拖放到舞台上，会发现信封在翅膀底下，这时

图 6-89 信封

把图层的顺序调整一下，从上到下分别为"图层1"、"图层3"、"图层2"，这样翅膀就被信封压在了下层。打开变形面板把翅膀元件旋转 –22.2°，在第35帧处插入关键帧把元件再旋转1.4°。

7）复制"图层2"第1帧上的"翅膀"元件，选中"图层3"第1帧粘贴在舞台上，选择"修改"→"变形"→"水平翻转"，与"图层2"中的一样，进行旋转，角度可自行调整，创建形状补间动画形成挥舞翅膀的信封，效果如图6-90所示。

图 6-90　挥舞翅膀的信封

4. 按钮元件的制作

1）从公用库中选择按钮。返回到场景，单击"窗口"→"公用库"→"按钮"菜单命令，会出现一个按钮库面板，在这里面有很多的按钮，"classic buttons"文件夹下的"Circle buttons"文件夹，选择名为"play"和"rewind"的两个按钮拖放到舞台上，这时库中也会存放上这两个元件，删掉舞台上的两个按钮，如图6-91所示。

2）双击库中的play按钮，进入按钮编辑模式，对按钮稍微做一下改动，选中第1帧，把文字改为黑色，rewind按钮中的文字改为replay，颜色为黑色，如图6-92所示。

图 6-91　公用库中的按钮

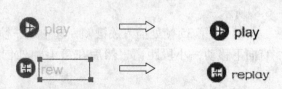

图 6-92　编辑按钮文字

5. 动画的制作

1）返回"场景1"，第1层是背景层，为了防止破坏可把这一层锁定。创建一个新的图层命名为"信封"，再创建一个图层命名为"引导信封"，选中信封层第1帧，把信封元件拖放到舞台的右上角，在第49帧处创建关键帧，把元件移到舞台左下角，在第1帧处创建传统补间。

2）在"引导信封"这一层用铅笔工具绘制一条从右上到左下角的蜿蜒曲线，如图6-93所示。在图层的名称上右键单击鼠标选择"属性"，弹出"图层属性"对话框，类型选择"引导层"，如图6-94所示。

图6-93　引导层上的曲线

3）鼠标左键按住"信封"图层向右上方拖动，就变为了被引导层，如图6-95所示。拖动"信封"层第1帧的信封，将中心点放在右上角的线段起始点，将第49帧信封的中心点放在左下角的起点，引导动画就做好了。

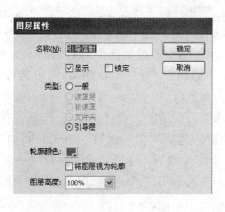

图6-94　"图层属性"对话框　　　　图6-95　引导层与被引导层

4）接着再创建两个图层，分别命名为"文字1"、"文字2"，选中"文字1"的第13帧插入空白关键帧，把"文字1"图形元件拖放到舞台上的右边靠外一点，如图6-96所示，在第47帧处插入关键帧，文字向左移动一定的距离，再选中第1帧，将该帧上的元件实例Alpha值改为"0"，创建传统补间。

5）在图层"文字2"的第24帧插入空白关键帧，将"文字2"元件拖放到舞台上"文字1"元件实例的下方，如图6-97所示，在第70帧处插入关键帧，再选中第1帧，将该帧上的元件实例Alpha值改为"0"，创建传统补间。

图6-96 文字1的位置

图6-97 文字2的位置

6）接着创建一个新的图层，命名为"闪烁的星星"，在该图层的第4帧处插入空白关键帧，将"闪烁的星星"影片剪辑元件拖放到舞台上，可以拖放多个，分布在不同的位置，这里拖放了4个，如图6-98所示，然后在第70帧处插入帧。

图6-98 影片剪辑元件

7）最后再创建两个图层，分别命名为"开始按钮"和"重播按钮"。在"开始按钮"中选中第1帧，将"play"按钮元件拖放到舞台的右下角，选中第1帧，打开"动作"面板，选择"全局函数"→"时间轴控制"→"stop"命令。然后选中舞台上的play按钮，打开"动作"面板，选择"全局函数"→"影片剪辑"→"on"，在语句中选择"release"，在 } 中输入语句"play（）;"。

8）在"重播按钮"图层，选中第70帧，插入空白关键帧，将"replay"按钮元件拖放到舞台的右下角，选中第70帧，打开"动作"面板，选择"全局函数"→"时间轴控制"→"stop"。然后选中舞台上的play按钮，打开"动作"面板，选择"全局函数"→"影片剪辑"→"on"，在语句中选择"release"，在 } 中输入语句"play（）;"。这样整个的电子贺卡制作过程完成。

☞ **技能操作练习**

打开模块五制作的"校园生活图片展"动画文件，制作各种元件及动画。具体要求如下：

1）制作按钮元件。

① 制作"欢迎观赏"图片按钮（五角星是在旋转的），如图6-99所示。

② 制作"文字"按钮，如图 6-100 所示。

图 6-99　图片按钮　　　　　　　　　　　　　　　　　图 6-100　文字按钮

③ 制作"校园一角"、"学生课余生活"、"学生学习生活"图片按钮，如图 6-101 所示。

图 6-101　三个图片按钮

2）制作图片元件。导入一幅图片文件，并将其转换为图形元件，效果如图 6-102 所示。

a）导入位图　　　　　　　b）按F8键出现转换为元件对话框　　　　　　c）转换为图形元件

图 6-102　位图转换为元件

3）将"场景1"更名为"cj1"，新建一场景，更名为"cj2"，制作"校园一角"动画（可在图片元件位置移动的同时加入旋转效果），如图 6-103 所示。

提示　　　　其余图片元件的动画设置方法与上面相似，只需调整图片元件出现的位置和离开的位置，还有时间差的问题，一个离开，另一个出现。

a）第1帧将图片元件放在舞台右下角
并设置Alpha值为0

b）第25、30帧将图片元件放在舞台
中间放大并设置Alpha值为100

c）第55帧将图片元件放在舞台左上角并设置Alpha值为0

图 6-103　校园一角动画

4）新建一个场景，更名为"cj3"，制作"学生课余生活"动画，如图 6-104 所示。

a）第1帧将图片元件缩小并移到舞台外左上角

b）第25、30帧将图片元件移到舞台中间并放大

c）第40帧将图片元件缩小并移到舞台左上角

图 6-104　学生课余生活动画

5）新建一场景，更名为"cj4"，制作"学生学习生活"动画，如图 6-105 所示。

a）第1帧文字上方内容显示在舞台上、一组遮罩图片
在右侧等待向左移动并设置传统补间动画

b）第280帧处在文字图层和图片图层
设置传统补间动画后的播放效果

c）第400帧将一组图片放在舞台左侧、
文字最后内容显示在舞台上

图 6-105　学生学习生活动画

6）制作"太阳升起的动画"影片剪辑。

新建"影片剪辑"元件，命名为"升起的太阳"，按照模块四技能操作练习的内容制作太阳光动画。

新建一个图层，绘制圆作为太阳，制作太阳由小到大变化的动画。

模块七 创建交互式动画

7

单元一 设置按钮动作

任务一 按钮测试动画

> **知识目标：**认识"动作面板"的界面组成，掌握按钮触发事件的使用方法。
> **技能目标：**熟练掌握按钮各种触发事件在实例制作中的应用技能。

📖 任务描述

"按钮"是交互式动画的重要载体，灵活使用按钮脚本动作，能够制作出用户需要的交互式动画。本项任务就是利用"按钮"的各种触发事件，出现不同的说明文字信息的交互式动画。下面是当触发 release 事件时的效果图，如图 7-1 所示。

图 7-1 触发 release 事件效果图

任务分析

本项任务是利用以前所学按钮的制作方法，来制作 7 个按钮，将其拖拽到场景中，再通过不同按钮的触发事件，转到对应的文字说明。

相关知识

1. 动作脚本和"动作"面板

制作交互式动画必须要编写动作脚本，而 Flash CS4 是依靠自己独特的"动作"面板来编写脚本。对于初学者可以简单地从"动作"面板中选择想要的动作脚本，熟练以后也可以直接在"动作"中输入动作脚本。

（1）动作脚本　动作脚本是用户用 Flash 来开发应用程序时所使用的语言。虽然不必使用动作脚本就可以创建一些动画，但是有时简单的演示型动画并不能满用户的需要，用户需要根据实际情况控制动画的播放顺序，这时就需要通过动作脚本来实现。

Flash 的动作脚本和其他脚本编写语言一样，动作脚本遵循自己的语法规则，保留关键字，提供运算符，并且允许使用变量存储和获取信息。动作脚本不仅包含内置的对象和函数，而且允许用户创建自己的对象和函数。

（2）"动作"面板　动作脚本是通过"动作"面板来编写的，选择"窗口"→"动作"菜单命令或者按 F9 键，可以打开"动作"面板，如图 7-2 所示。根据动作脚本选择对象的不同，会出现"动作-按钮"、"动作-帧"与"动作-影片剪辑"等名称不同的面板。

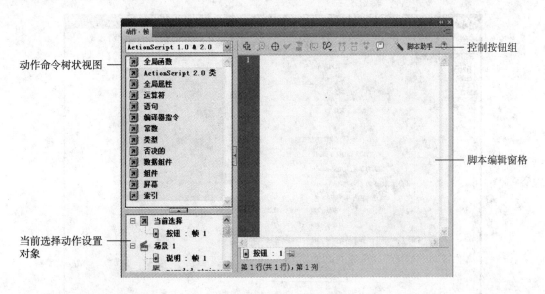

图 7-2　"动作"面板

给选定的对象添加命令的方法有以下四种：

1）双击面板左边的动作命令树状视图中的命令。

2）单击控制按钮组中的"将新项目添加到脚本中"按钮 🎝，在弹出的下拉菜单中选择要添加的选项。

3）直接将命令拖曳到脚本编辑窗格中。

4）在树状视图中用鼠标右键单击要添加的动作命令，在弹出的快捷菜单中选择"添加到脚本"选项。

添加的命令将显示在面板右侧的脚本编辑窗格中，再设置命令的参数。当添加或输入一个命令时，Flash 会自动提示该命令的使用方法，此功能大大方便了用户编写代码。

（3）设置"动作"面板的首选参数　在 Flash CS4 中，按组合键"Ctrl + U"或者单击"编辑"→"首选参数"命令，可弹出"首选参数"对话框，如图 7-3 所示。在该对话框的"类别"列表中选择 ActionScript 选项，可以设置脚本语言的参数选项。

"首选参数"对话框中各选项区及按钮的功能如下：

1）编辑：在该选项区中，勾选"自动缩进"复选框，可以在脚本编辑窗格中自动缩进动作脚本；在"制表符大小"文本框中输入一个整数可设置缩进制表符大小（默认值是4）；勾选"代码提示"复选框，可以打开语法、方法和事件的代码提示功能；调整"延迟"滑块，可以设置在显示代码提示之前的 Flash 等待时间（默认值为0）。

2）字体：在该选项区中，用户可以为脚本语句选择字体和字体大小，以更改脚本编辑窗格中文本的外观。

3）语法颜色：在该选项区中，可以设置脚本编辑窗格的前景色和背景色，并能够设置关键字（如：new、if、while 和 on）、内置标识符（如 play、stop、gotoAndPlay）、注释及字符串的颜色。

4）重置为默认值：单击该按钮，可以恢复为默认的动作脚本编辑器首选参数设置。

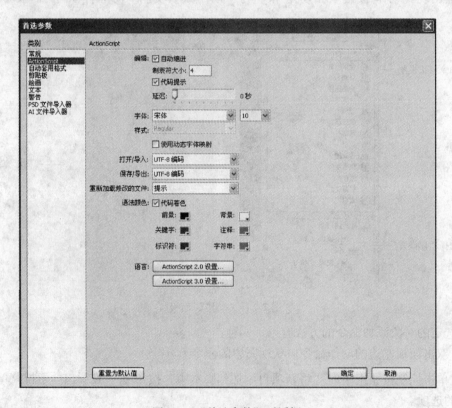

图 7-3　"首选参数"对话框

2. 设置按钮动作

通过按钮来制作交互式动画，是指在"按钮"上添加动作脚本，使之具有交互性，这是制作交互动画最基础也最实用的功能。按钮动作的触发事件不同，就是动画在播放时鼠标的状态不同，将触发交互式动画效果。要想给按钮设置动作，必须先指定按钮的触发事件，然后再选择命令，以达到当事件发生时就执行设置动作的目的。设置按钮动作不会影响其他对象。

按钮只有添加了动作、赋予了功能，触发它才会执行指定的动作，否则按钮只能起一点装饰的作用。

设置按钮动作的方法如下：

1）用工具箱中的选择工具选中舞台上要添加动作命令的按钮，单击"窗口"→"动作"命令（或按 F9 键），打开"动作-按钮"面板。

2）在动作命令树状视图中双击"全局函数"→"影片剪辑控制"类别中的 on 选项，将其添加到脚本编辑窗格中，其参数域会自动提示按钮的触发事件列表，如图 7-4 所示。

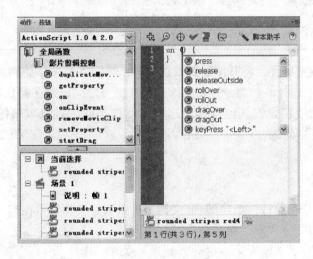

图 7-4　按钮的触发事件列表

On 语句用于设置按钮的触发事件，即鼠标的状态或键盘状态，触发事件的含义及举例见表 7-1。

表 7-1　触发事件的含义及举例

触 发 事 件	触发事件含义	举　　例	举例说明

press	在按钮上按下鼠标左键时，触发动作	on（press）{
		　play（）；
		}
			事件触发时，开始播放

release	在按钮上按下鼠标左键，在不移动鼠标的情况下释放鼠标左键时触发动作	on（release）{
		　stop（）；
		}
			事件触发时，停止播放

releaseOutside	在按钮上按下鼠标左键，然后拖动鼠标，将鼠标指针从按钮上移走，再释放鼠标左键时，触发动作	on（releaseOutside）{
		　gotoAndPlay（3）；
		}
			事件触发时，转到第 3 帧播放

（续）

触发事件	触发事件含义	举　例	举例说明

rollOver	鼠标指针由外向内滑过按钮时（未单击），触发动作	on（rollOver）{
		gotoAndStop（1）;
		}
			事件触发时，转到第 1 帧停止播放

rollOut	鼠标指针由内向外滑过按钮时（未单击），触发动作	on（rollOut）{
		nextFrame（）;
		}
			事件触发时，转到下一帧

dragOver	在按钮上按下鼠标左键，然后将鼠标指针从按钮上移走，最后再移回按钮上时，触发动作。整个过程都不要释放鼠标	on（dragOver）{
		prevFrame（）;
		}
			事件触发时，转到前一帧

dragOut	在按钮上按下鼠标左键，然后将鼠标指针从按钮上移走，触发动作。整个过程都不要释放鼠标	on（dragOut）{
		nextScene（）;
		}
			事件触发时，转到下一场景

3）双击一种触发事件，将其添加到参数域中，然后将光标移动到大括号 {} 之间，在动作命令树状视图中选择一种命令并将其添加到大括号之间，并在参数域中输入参数。

4）根据需要为按钮设置其他动作。选取的动作不同，参数域中需要设置的参数也不同，有的动作根本没有参数。

 任务实施

1. 导入素材

1）打开 Flash CS4 窗口，新建 Flash 文档，进入新建文档舞台窗口。

2）单击"窗口"→"库"菜单命令，调出"库"面板，选择"文件"→"导入"→"导入到库"菜单命令，在弹出的"导入到库"对话框中选择"素材"→"模块七"→"单元一"中的"背景.jpg"文件，单击"打开"按钮，将文件导入到"库"面板中，将"库"面板中的位图"背景"拖拽到舞台窗口中。选择位图"属性"面板，在对话框中取消高度值和宽度值的锁定并进行设置，如图 7-5 所示，使图片与舞台大小相同并位于窗口的正中位置，并将"图层 1"更名为"背景"。

图 7-5　位图"属性"设置

2. 制作按钮元件

1）单击图层面板中的添加图层按钮，添加一个"图层 2"，并更名为"按钮"，单击"窗口"→"公用库"→"按钮"菜单命令，打开"公用库"面板，如图 7-6 所示。双击库面板中的"buttons rounded stripes"文件夹，在文件夹下选择"rounded strips red"按钮，拖拽到舞台左下角的位置上，如图 7-7 所示。

2）打开"库"面板，这时按钮已在库中，双击该按钮，对其进行重命名操作，在原名后面加一个"1"，以区别后边复制的按钮。右键单击按钮，弹出快捷菜单，如图7-8所示，选择"直接复制"命令，打开"直接复制元件"对话框，如图7-9所示。在名称文本框中将"1副本"删除，加入一个"2"，单击"确定"按钮，这时复制一个按钮。依次类推，共创建7个按钮，复制按钮后的库面板如图7-10所示。

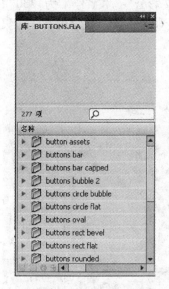

图7-6　"公用库"面板

图7-7　选择库中的按钮

图7-8　复制按钮

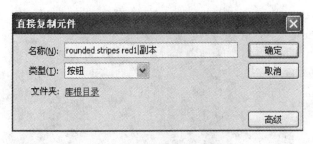

图7-9　"直接复制元件"对话框

图7-10　复制按钮后的库面板

3）双击"库"面板中的"rounded strips red1"按钮图标，进入按钮的编辑界面，将"Enter"文字改为"press"，依次类推，分别将7个按钮的文字更改为：press、release、releaseOutside、rollOver、rollOut、dragOver、dragOut。

4）将已编辑修改的按钮依次拖拽到舞台的"按钮"图层，效果如图7-11所示。按住Shift键，依次选中所有按钮，选择"修改"→"对齐"→"顶对齐"菜单命令，将7个按钮顶端对齐。

3. 创建"说明"图层内容

1）单击"时间轴"面板中的添加图层按钮，在"按钮"图层的上方添加一个新的图层，命名为"说明"，选中"背景"和"按钮"图层的第 8 帧，按 F5 键插入普通帧，单击"说明"图层的第 1 帧，选择文字工具，设置"字体"为"华文彩云"，"字号"为"30"，"颜色"为"红色"，在舞台的左上角输入"欢迎使用动作按钮测试动画"文字内容，效果如图 7-12 所示。

图 7-11　将按钮拖拽到舞台中的效果

图 7-12　在舞台中输入文字说明

2）单击"说明"图层的第 2 帧，按 F6 键插入关键帧，选择多角星形工具，在"属性"面板中单击"工具设置"项目中的"选项"按钮，打开"工具设置"对话框，设置如图 7-13 所示。单击"确定"按钮，将"笔触颜色"设置为"黄色"，将"填充颜色"设置为"红色"，在舞台中拖动到适当的大小，效果如图 7-14 所示。

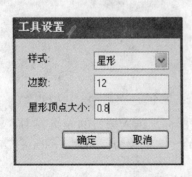

图 7-13　"工具设置"对话框

图 7-14　在舞台中绘制"星形"图形

3）选择"选择工具"，移动到"星形"图形的一个角上，按住鼠标左键拖拽到适当位置，效果如图7-15所示。

4）选择"文本工具"，设置"字体"为"华文新魏"，"字号"为"25"，"颜色"为"浅蓝色"，在舞台上的星形图上输入文字，如图7-16所示。调整文字与星形图的位置关系，使文字均在星形图的上方。

图7-15　修改后的"星形"

图7-16　输入文字内容

5）同样方法，分别在"说明"图层的第3至8帧上插入关键帧，并调整星形图的大小，输入相应的文字内容，效果如图7-17～图7-22所示。

图7-17　release文字内容

图 7-18　releaseOutside 文字内容

图 7-19　rollOver 文字内容

图 7-20　rollOut 文字内容

图 7-21 dragOver 文字内容

图 7-22 dragOut 文字内容

4. 为按钮添加动作

1）选择"说明"图层的第 1 帧，按 F9 键，打开"动作"面板，双击"全局函数"→"时间轴控制"类别中的 stop 选项，添加代码"stop（）;"，关键帧上出现字母 a，表明该关键帧包含有动作。（注：设置此动作的目的是使动画一开始播放就停止在第 1 帧上，等待用户操作。Stop 动作语句没有参数。）

2）选中 press 按钮，右键单击打开快捷菜单，选择"动作"命令，打开"动作-按钮"面板，为该按钮添加动作代码，如图 7-23 所示。（初学者可以双击"全局函数"

图 7-23 press 按钮的动作代码

→ "影片剪辑控制"类别中双击 on，然后再双击"时间轴控制"类别中的"gotoAndStop（）"。

3）按照第一个按钮的方法，设置其他按钮的触发事件及动作，代码如下：（其中双斜线之后的内容是对代码的解释说明，帮助用户理解代码）

```
on（release）{                          on（rollOut）{
    gotoAndStop（3）;                      gotoAndStop（6）;
}    //release 按钮的代码                }    //rollOut 按钮的代码

on（releaseOutside）{                    on（dragOver）{
    gotoAndStop（4）;                      gotoAndStop（7）;
}    //releaseOutside 按钮的代码         }    //dragOver 按钮的代码

on（rollOver）{                          on（dragOut）{
    gotoAndStop（5）;                      gotoAndStop（8）;
}    //rollOver 按钮的代码              }    //dragOut 按钮的代码
```

4）按组合键"Ctrl + Enter"进行测试，完成任务的操作。

扩展知识

gotoAndStop 语句的使用

gotoAndStop 命令的语法格式为：gotoAndStop（[scene]，frame）。

gotoAndStop 命令的作用是：将播放头转到场景中指定的帧并停止播放。其中 scene 为可选字符串（放在方括号 [ ] 中的参数为可选参数），指定播放头要转到的场景的名称，如果未指定场景，则播放头将转到当前场景中的帧。frame 表示播放头将转到的帧编号的数字或者帧标签的字符串。

例如：gotoAndStop（"场景3"，4）表示播放头将转到场景3的第4帧并在该帧停止播放。与之类似的命令是 gotoAndPlay，作用是将播放头转到场景中指定的帧并从该帧开始播放。

任务二　时钟动画

> **知识目标**：掌握按钮动作代码的添加方法。
> **技能目标**：熟练掌握按钮添加代码的应用技能。

任务描述

屋子里一般都会有一个漂亮的时钟。本项任务就是制作一个房屋中的时钟，同时时钟的秒针在走动的动画，当单击"停止"按钮时会使动画停止，单击"播放"按钮时会继续播放动画，效果如图 7-24 所示。

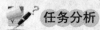**任务分析**

本项任务是制作一个时钟秒针动画，并用按钮控制动画的停止和播放。首先用元件来制

图 7-24　时钟动画效果图

作时钟图形元件，然后再制作秒针动画，最后再添加两个按钮（停止和播放），并添加按钮的动作代码。

 相关知识

动作脚本的语法

要想编写功能强大的脚本，就必须深入了解 Flash 的动作脚本语言。

与其他脚本语言一样，动作脚本语言也有变量、函数、对象、操作符和关键字等语言元素，并有自己的语法规则。动作脚本允许用户创建自己的对象和函数，其语法和风格与 JavaScript 很相似。动作脚本拥有自己的语法和标点符号使用规则，这些规则规定了一些字母和关键字的含义，以及它们的书写顺序。例如，在英文中用句号结束一个句子，而在动作脚本中则用分号结束一个语句。

下面列出动作脚本的一些通用语法规则。学习这些语法规则是在"动作"面板中熟练编写脚本的基本要求。

1. 点语法

在动作脚本中，点（.）被用来指明与某个对象（如按钮或影片剪辑）相关的属性和方法，也用于标识指向影片剪辑或变量的目标路径。

点语法表达式由对象名开始，接着是一个点，最后是要指定的属性、方法和变量。例如，表达式 arm. _ y 就是指影片剪辑 arm 的_ y 属性。

此外，表达一个对象的方法要遵循相同的模式。例如，arm. play（ ）表示播放 arm 影片剪辑。

2. 括号与分号

在动作脚本中，通常要用到大括号 ｛｝ 和圆括号（ ）。大括号将代码分成不同的块，通过前面的学习，应该对此已经很熟悉了。

使用动作语句时要把参数放在圆括中，称为参数域，如 duplicateMovieClip（"fly"，1）；。即使某个动作没有参数，通常也加上一个圆括号，如 stop（ ）；。

定义一个函数时，要把参数放在圆括号内，如 function myuser（name，age，bobby）。

调用一个函数时，要把要传递的参数放在圆括号中，如 myuser（"Green"，22，"football"）。

圆括号也可以用来改变动作脚本的优先级，或使自己编写的动作脚本语句更容易阅读。

动作脚本语句用分号结束，但是，如果省略语句结尾的分号，Flash 仍然可以成功地编译脚本、自动格式脚本，并且会自动加上省略的分号。建议读者在编写代码时，最好用分号表示语句的结束。

3. 字母的大小写

在动作脚本中，只有关键字区分大小写，其余动作脚本可以使用大写或小写字母。例如，FSCommand（"SHOWMENU"，"false"）和 fscommand（"showmenu"，"false"）是相同的。

但是，遵守一致的大小写约定是一个好习惯，这样，在阅读动作脚本代码时更易于区分函数和变量名字。如果在书写关键字时没有使用正确的大小写，脚本将会出现错误。

4. 关键字

动作脚本保留一些单词，专用于脚本语言中，不能用这些保留字作为变量、函数或标签的名字。下面是动作脚本中所有的关键字：break、for、var、continue、function、return、void、if、this、while、else、with。

5. 注释

如果用户在协作环境中工作或给别人提供范例，则添加注释有助于别人理解用户编写的脚本。在编写动作脚本时，添加注释的方法是先输入//，然后写上注释语句。

在"动作"面板中，注释内容用灰色显示，长度不限，且不影响导出文件的大小。

 任务实施

1. 导入素材

1）打开 Flash CS4 窗口，新建一个"Flash 文档"。

2）单击"窗口"→"库"菜单命令，调出"库"面板，选择"文件"→"导入"→"导入到库"菜单命令，在弹出的"导入到库"对话框中选择"素材"→"模块七"→"单元一"中的"背景 1. jpg"文件，单击"打开"按钮，将文件导入到"库"面板中，将"库"面板中的位图"背景"拖拽到舞台窗口中。选择位图"属性"面板，在对话框中取消高度值和宽度值的锁定并进行设置，使图片与舞台大小相同并位于窗口的正中位置，并将"图层 1"更名为"背景"，效果如图 7-25 所示。

图 7-25　舞台背景设置

2. 创建"时钟面"元件

1）选择"插入"→"新建元件"菜单命令（或按"Ctrl + F8"键），打开"创建新元件"对话框，将名称输入"时钟面"，类型选择"图形"，效果如图 7-26 所示，单击"确定"按钮进入元件编辑界面。

2）在编辑界面中利用矩形工具绘制一个矩形，再用颜料桶工具填充"#CC6600"颜色，线条工具绘制左侧的轮廓线，并填充深灰颜色作为阴影，效果如图7-27所示。

3）选择任意变形工具，选择所绘制的图形，调整矩形的重心到"+"位置上，如图7-28所示。

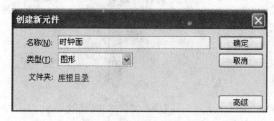

图7-26 "创建新元件"对话框　　图7-27 绘制矩形　　图7-28 调整矩形重心

4）选择"窗口"→"变形"菜单命令，打开"变形"面板，"旋转"项设置为"30°"，单击"重制选区和变形"按钮 ，"变形"面板参数设置效果如图7-29所示。单击11次"重制选区和变形"按钮，重制后的图形效果如图7-30所示。

5）利用前面所学知识，将图形进行修改，使其更加漂亮，效果如图7-31所示。

图7-29 "变形"面板参数设置　　图7-30 重制后的图形效果　　图7-31 修改后的图形效果

6）单击"时间轴"下方的"新建图层"按钮，新建一个图层，在该图层上利用矩形工具绘制一个矩形，作为时钟的时针，效果如图7-32所示。

3. 制作"时钟"动画

1）单击"场景1"按钮，返回"场景1"，单击"时间轴"面板中的"新建图层"按钮，更名为"时钟面"，选择第1帧，打开"库"面板，将"时钟面"元件拖拽到"场景1"中，调整元件大小和位置，效果如图7-33所示。

2）单击"时间轴"面板中的"新建图层"按钮，更名为"秒针"，选择第1帧，利用矩形工具绘制秒针，调整位置，再新建一个图层，命名为"中心"，利用椭圆工具绘制时钟的中心，如图7-34所示。

图7-32 绘制时针效果图

图 7-33 调整元件在舞台中的位置及大小

图 7-34 时钟的完整效果

3）选择"背景""钟面"和"中心"图层的第 60 帧，按 F5 键延长帧，选择"秒针"图层的第 60 帧，按 F6 键插入关键帧，右键单击秒针图层的第 1 帧，选择"创建传统补间"，此时时间轴效果如图 7-35 所示。

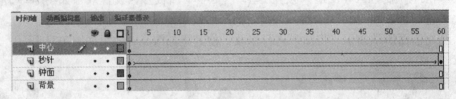

图 7-35 时间轴制作效果

4）选择"秒针"图层的第 1 帧，打开"属性"面板，选择"补间"下的"旋转"选项中的"顺时针"，单击"舞台"，在"属性"面板中设置"属性"下的"FPS"为"1"（每秒钟播放 1 帧），按"Ctrl + Enter"键测试动画效果。

4. 添加按钮动作

1）单击"窗口"→"公用库"→"按钮"菜单命令，打开"库-BUTTONS. FLA"面板，选择"Playback rounded"文件夹下的"rounded green play"、"rounded green stop"两个按钮，拖拽到舞台中，调整位置，效果如图 7-36 所示。

图 7-36 添加按钮的效果图

2）右键单击舞台上的"播放"按钮，选择"动作"，打开"动作-按钮"面板，设置动作代码如图 7-37 所示。"停止"按钮的动作代码如图 7-38 所示。

图 7-37　"播放"按钮动作代码

图 7-38　"停止"按钮动作代码

3）完成动画的制作，按"Ctrl + Enter"键测试动画。

单元二　设置帧动作

任务一　强调文字动画

知识目标：掌握帧动作代码的添加方法。
技能目标：熟练掌握帧动作代码的应用技能。

任务描述

一幅美丽的"湖面荷花"画面配上与风景有关的诗句，会给人带来美的享受。本项任务是对《望洞庭》这首诗中需强调的文字加入特殊的颜色来强调诗中描写的主题，效果如图 7-39 所示。

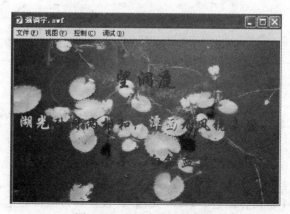

图 7-39　强调字动画效果图

任务分析

本项任务是首先需要利用文字工具录入诗词的内容，再利用另一图层来输入重点强调的文字，并设置特殊颜色，最后用帧动作来完成此任务的操作。通过此项任务的学习，掌握帧动作在动画中的应用。

相关知识

为帧设置了动作后，当动画播放到此帧时会自动执行预设动作。例如：为某帧设置了 stop（停止）动作，则当动画播放到该帧时就会停下来，等待其他操作。若为某帧设置了 gotoAndPlay（5）（转到第 5 帧播放）动作，则当动画播放到该帧时，就会自动跳转到第 5 帧。

在制作动画时，最好将帧动画单独放在一个图层上，这样可以方便修改和查看，当某帧设置了动作后，会在该帧上出现小写字母 a。

1. 设置帧动作的方法

设置帧动作与设置按钮动作的方法类似，只是帧动作不响应鼠标和键盘事件，即不需要先添加 on 语句。需要设置动作的帧必须是关键帧，否则设置的动作会自动转移到它前面最近的那个帧上。

设置帧动作的方法如下：

1）选中要设置帧动作的关键帧，右键单击选择动作，打开"动作–帧"面板。

2）双击动作命令树状视图中所需的选项，添加动作。

3）根据需要为帧设置其他动作。

2. 时间轴控制语句的使用

为了更方便地说明时间轴控制语句的使用，下面用表 7-2 进行详细说明。

表 7-2　时间轴控制语句及说明

语　句	说　明
gotoAndPlay	转到指定帧并播放
gotoAndStop	转到指定帧并停止
nextFrame	转到下一帧
nextScene	转到下一场景
Play	开始播放影片
prevFrame	转到上一帧
prevScene	转到前一场景
Stop	停止播放影片
stopAllSounds	停止播放所有声音

任务实施

1. 导入素材

1）打开 Flash CS4 窗口，新建"Flash 文档"，设置舞台窗口的宽度设为 500，高度设为 300。

2）单击"窗口"→"库"菜单命令，调出"库"面板，选择"文件"→"导入"→"导入到库"菜单命令，在弹出的"导入到库"对话框中选择"素材"→"模块七"→"单元二"中的"背景.jpg"文件，单击"打开"按钮，将文件导入到"库"面板中，将"库"面板中的位图"背景"拖拽到舞台窗口中。选择位图"属性"面板，在对话框中取消高度值和宽度值的锁定并进行设置，如图7-40所示，使图片与舞台大小相同并位于窗口的正中位置，并将"图层1"更名为"背景"，效果如图7-41所示。

图7-40　位图属性设置　　　　　　　　　　图7-41　舞台背景设置

2. 录入文字内容

1）单击"时间轴"面板中的新建图层两次，新建两个图层，并分别命名为"文字"和"强调字"。选择"文字"图层的第1帧，选择文字工具，设置"字体"为"华文行楷"，"字号"为"40"，"颜色"为"蓝色"，在舞台上方居中的位置录入文字"望洞庭"。再次选择文字工具，设置"字体"为"华文行楷"，"字号"为"30"，"颜色"为"蓝色"，在舞台中间录入文字，效果如图7-42所示。

2）选择"背景"和"文字"图层的第15帧，按F5键插入帧，选择"强调字"图层的第5帧，按F6键插入关键帧，选择文字工具，设置"字体"为"华文行楷"，"字号"为"30"，"颜色"为"黄色"，在舞台上输入"湖光"和"潭面"需要强调的文字，并调整位置与"文字"图层对应的文字重合，效果如图7-43所示。

图7-42　文字内容　　　　　　　　　　　　图7-43　强调文字内容

3. 设置帧动作

1）选择"强调字"图层的第10帧，按F7键插入空白关键帧，再选择第15帧，按F7

键插入空白关键帧。

2）右键单击"强调字"图层的第 15 帧，选择动作，打开"动作-帧"面板，输入"gotoAndPlay（5）;"动作代码，如图 7-44 所示。

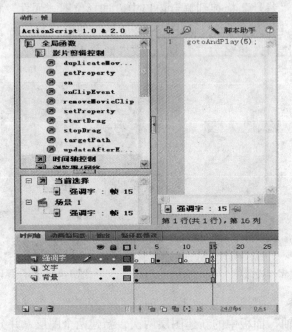

图 7-44　输入动作代码

3）按组合键"Ctrl + Enter"进行测试，完成任务的操作。

任务二　自动加载动画

> **知识目标：**掌握按钮和帧动作代码的添加方法。
> **技能目标：**熟练掌握按钮和帧代码的应用技能。

任务描述

本项任务是实现动画一开始只显示动画播放的说明性文字，当用户单击"播放"按钮时，开始播放动画，当播放数字由 8 倒数到 1 时，自动载入另外一个动画，效果如图 7-45 所示。

任务分析

本项任务首先需要利用文字工具录入播放说明性文字内容，然后制作"播放"按钮元件，最后利用帧的动作语句完成动画的载入。通过此项任务的学习，掌握帧动作在动画中的应用。

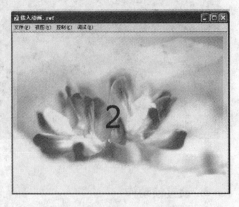

图 7-45　自动载入动画效果图

相关知识

loadMovie 命令的语法格式为 loadMovie（"url"，target，［method］）;。

loadMovie 的作用：在播放原始 SWF 文件的同时将 SWF 文件或 JPEG 文件加载到 Flash Player 中。

● url 表示要加载的 SWF 或 JPEG 文件的绝对或相对 URL。相对 URL 必须相对于级别 0 处的 SWF 文件，绝对 URL 必须包括协议引用，如 http：//或 file：///。

● target 为指向目标影片剪辑的路径。目标影片剪辑将替换为加载的 SWF 文件或图像。

● Method 为可选参数，指定用于发送变量的 http 方法，该参数必须是字符串 GET 或 POST。如果没有要发送的变量，则省略此参数。GET 方法将变量追加到 URL 的末尾，它用于发送少量的变量；POST 方法在单独的 http 标头中发送变量，它用于发送大量的变量。

任务实施

1. 导入素材

1）打开 Flash CS4 窗口，新建 Flash 文档。

2）单击"窗口"→"库"菜单命令，调出"库"面板，选择"文件"→"导入"→"导入到库"菜单命令，在弹出的"导入到库"对话框中选择"素材"→"模块七"→"单元二"中的"背景1.jpg"文件，单击"打开"按钮，将文件导入到"库"面板中，将"库"面板中的位图"背景"拖拽到舞台窗口中。选择位图"属性"面板，在对话框中取消高度值和宽度值的锁定并进行设置，使图片与舞台大小相同并位于窗口的正中位置，并将"图层1"更名为"背景"，效果如图 7-46 所示。

图 7-46　舞台背景设置

2. 按钮元件的制作

1）单击"插入"→"新建元件"菜单命令，打开"创建新元件"对话框，在对话框中设置名称为"开始"，类型为"按钮"，如图 7-47 所示。单击"确定"按钮进入按钮的编辑界面。

2）选择多角星形工具，打开"属性"面板，单击"工具设置"项目中的"选项"按钮，打开"工具设置"对话框，设置如图 7-48 所示。单击"确定"按钮。

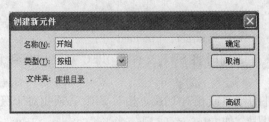

图 7-47　"创建新元件"对话框设置　　　　图 7-48　"工具设置"对话框设置

3）在"属性"面板中将"笔触颜色"设置为"黄色"，"填充颜色"设为"红色"，并在舞台中拖动鼠标，绘制星形，如图 7-49 所示。

4）选择鼠标经过帧，按 F6 键插入关键帧，选择任意变形工具，调整星形大小，使其等比例放大，再选择按下帧，按 F6 键插入关键帧，选择任意变形工具，调整星形大小，使其等比例缩小。

5）在时间轴上按新建图层按钮，插入一个新图层，选择第 1 帧，选择文本工具，设置"字体"为"华文新魏"，"字号"为"25"，"颜色"为"蓝色"，输入"开始"文字，效果如图 7-50 所示。

图 7-49　绘制星形

图 7-50　输入文字

3. 制作"文字"图层

1）单击"场景 1"返回"场景 1"，单击"时间轴"面板中的"新建图层"按钮，插入一个新的图层，命名为：文字，选择第 1 帧，选择文本工具，设置"字体"为"华文新魏"，"字号"为"25"，"颜色"为"红色"，输入"单击开始按钮倒数 8 个数可以载入另一个动画"文字内容，调整位置，如图 7-51 所示。

2）打开"库"面板，将"开始"按钮拖拽到舞台中，调整位置和大小，如图 7-52 所示。

图 7-51　输入文字并调整位置

图 7-52　调整按钮位置和大小

3）选择第 2 帧，按 F7 键插入空白关键帧，选择文本工具，设置"字号"为"80"，在舞台中间输入"8"，依次类推，在接下来的 7 帧分别插入关键帧，将文本内容更改为数字 7…1。选择第 10 帧，按 F7 键插入空白关键帧，选择"背景"层的第 10 帧按 F5 键插入帧，效果如图 7-53 所示。

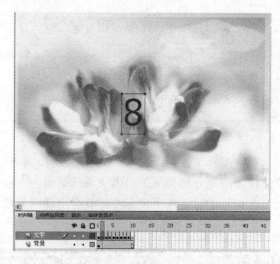

图 7-53　图层及帧设置效果

4. 设置动作代码

1）选择"文字"图层的第 1 帧，右键单击选择"动作"，打开"动作-帧"面板，输入"stop（）;"代码，如图 7-54 所示。

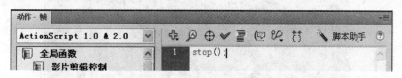

图 7-54　第 1 帧代码设置

2）选择"文字"图层的第 10 帧，右键单击选择"动作"，打开"动作-帧"面板，输入"loadMovie（"自由飞翔.swf"，0）;"代码，如图 7-55 所示。

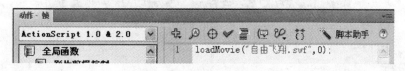

图 7-55　第 10 帧代码设置

3）选择舞台中的"开始"按钮，右键单击选择"动作"，打开"动作-按钮"面板，输入如图 7-56 所示代码。

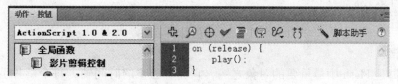

图 7-56　按钮代码设置

4）完成动画的制作，按"Ctrl + Enter"键测试动画。

单元三　设置影片剪辑动作

任务一　蜻蜓飞舞动画

> **知识目标**：掌握影片剪辑动作代码的添加方法。
> **技能目标**：熟练掌握影片剪辑添加代码的应用技能。

任务描述

　　每到夏季，在花草比较多的地方都会见到自由飞舞的蜻蜓。本项任务就是制作蜻蜓在花丛中飞舞的动画，当蜻蜓在花丛中时，按下鼠标左键就会出现两只蜻蜓在花丛中飞舞的动画效果，如图 7-57 所示。

图 7-57　蜻蜓飞舞动画

任务分析

　　本项任务首先制作蜻蜓自由飞舞的影片剪辑元件，然后在舞台中将蜻蜓元件拖拽到花丛中，最后对蜻蜓元件添加代码，实现动画效果。通过此项任务的学习，使学生掌握影片剪辑动画的制作方法。

相关知识

影片剪辑

　　影片剪辑是 Flash 中最重要的对象之一，它拥有独立的时间轴，每个影片剪辑都有唯一的名字。为影片剪辑设置动作并指定了触发事件后，当事件发生时就会执行预设的动作。此外，还可以重新指定影片剪辑的属性。

1. 设置影片剪辑动作的方法

设置影片剪辑动作的方法和设置按钮动作类似，影片剪辑也需要触发事件才能执行预设动作。

设置影片剪辑动作的具体方法如下：

1）选中要设置动作的影片剪辑，右键单击选择"动作"，打开"动作－影片剪辑"面板。

2）在动作命令树状视图中双击"全局函数"→"影片剪辑控制"类别中的 onClipEvent 选项，将其添加到脚本编辑窗格中，其参数域会自动提示影片剪辑的触发事件。

On 语句用于设置按钮的触发事件，而设置影片剪辑触发事件的语句是 onClipEvent。影片剪辑触发事件的含义如下：

- Load：影片剪辑一旦被实例化并出现在"时间轴"面板中时，即触发此动作。
- Unload：在从"时间轴"面板中删除影片剪辑后，触发动作。
- enterFrame：以影片剪辑的帧频不断触发动作。
- mouseMove：每次移动鼠标时触发动作。_ xmouse 和 _ ymouse 属性用于确定当前鼠标指针的位置。
- mouseDown：当按下鼠标左键时触发动作。
- mouseUp：当释放鼠标左键时触发动作。
- keyDown：当按下某个键时触发动作。
- keyUp：当释放某个键时触发动作。
- Data：当在 loadVariables（）或 loadMovie（）动作中接收数据时触发动作。

3）双击一种触发事件，将其添加到参数域中，然后将光标移动到大括号 |} 之间。

4）双击动作命令树状视图中所需的选项，添加动作代码。

2. 影片剪辑控制语句的使用（表 7-3）

表 7-3　影片剪辑控制语句及含义

语　句	含　义
duplicaemovieClip	复制影片剪辑
getProPerty	返回指定影片剪辑的属性
on	当发生特定鼠标事件时执行动作
onClipEvent	当发生特定影片剪辑事件时执行动作
removemovieClip	删除用 duplicaemovieClip 创建的影片剪辑
setProperty	设置影片剪辑的属性
starDrag	在影片剪辑上开始拖放动作
stopDrag	停止当前正在进行的拖放动作
targetPath	返回指定影片剪辑的目标路径字符串
updateAfterEvent	在"鼠标"或"键"剪辑事件后更新舞台

 任务实施

1. 导入素材

1）打开 Flash CS4 窗口，新建"Flash 文档"。

2）单击"窗口"→"库"菜单命令，调出"库"面板，选择"文件"→"导入"→"导入到库"菜单命令，在弹出的"导入到库"对话框中选择"素材"→"模块七"→"单元三"中的"背景.jpg"文件，单击"打开"按钮，将文件导入到"库"面板中，将"库"面板中的位图"背景"拖拽到舞台窗口中。选择位图"属性"面板，在对话框中取消高度值和宽度值的锁定并进行设置，使图片与舞台大小相同并位于窗口的正中位置，效果如图7-58所示。然后将"图层1"更名为"背景"。

2. 制作"蜻蜓"元件

1）单击"插入"→"新建元件"菜单命令，打开"创建新元件"对话框，在该对话框中将名称设置为"蜻蜓"，类型为"图形"，如图7-59所示。单击"确定"按钮，进入图形元件编辑窗口。

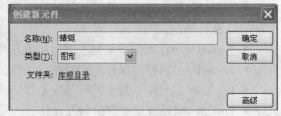

图7-58 舞台中的背景　　　　　　　　图7-59 "创建新元件"对话框设置

2）单击"文件"→"导入"→"导入到库"菜单命令，打开"导入到库"对话框，在对话框中选择"素材"→"模块七"→"单元三"中的"蜻蜓.jpg"文件，效果如图7-60所示。单击"打开"按钮，将"蜻蜓"图片导入到库中。

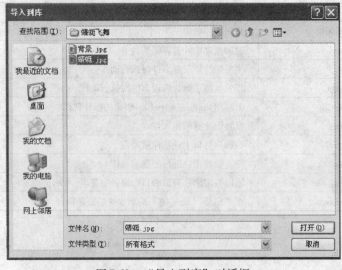

图7-60 "导入到库"对话框

3）打开"库"面板，将"蜻蜓"图片拖拽到舞台，选择该图片，按"Ctrl + B"键将图片打散，选择套索工具，在选项中选择魔术棒，单击蜻蜓图片白色区域，选择除蜻蜓外的背景色，按 Delete 键，删除背景色，效果如图 7-61 所示。

4）利用前面所学知识，用橡皮或选择工具将多余的背景色删除，效果如图 7-62 所示。

图 7-61　用魔术棒删除背景色效果

图 7-62　修改后的蜻蜓元件

5）选择任意变形工具，选择蜻蜓图形，旋转图形位置，效果如图 7-63、图 7-64 所示。单击"场景 1"返回场景。

图 7-63　正在旋转中的元件

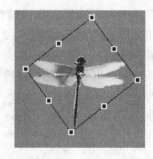

图 7-64　旋转后的效果图

3. 制作"蜻蜓飞"影片剪辑

1）单击"插入"→"新建元件"菜单命令，打开"创建新元件"对话框，名称为"蜻蜓飞"，类型为"影片剪辑"，如图 7-65 所示。单击"确定"按钮，进入影片剪辑编辑窗口。

2）将"蜻蜓"图形元件拖拽到舞台中，调整位置，将"图层 1"更名为"蜻蜓"，效果如图 7-66 所示。

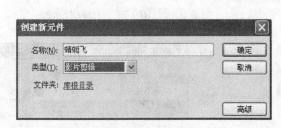

图 7-65　"创建新元件"对话框设置

图 7-66　蜻蜓位置及图层设置

3）选择第 3 帧，按 F6 键插入关键帧，选择任意变形工具，左右缩放蜻蜓图形，效果如图 7-67 所示。选择第 5 帧，按 F6 键插入关键帧，选择任意变形工具，再次左右缩放图形，效果如图 7-68 所示。选择第 7 帧，按 F6 键插入关键帧，选择任意变形工具，再次左右缩放图形，效果如图 7-69 所示。选择第 8 帧，按 F5 键插入帧。

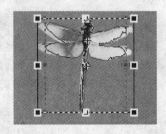
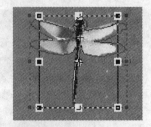

图 7-67　第一次缩放　　　　图 7-68　第二次缩放　　　　图 7-69　第三次缩放

4. 创建"蜻蜓飞舞"影片剪辑

1）单击"插入"→"新建元件"菜单命令，打开"创建新元件"对话框，名称为"蜻蜓飞舞"，类型为"影片剪辑"，单击"确定"按钮，进入影片剪辑编辑窗口。

2）打开"库"面板，将"蜻蜓飞"影片剪辑拖拽到舞台中，调整位置，将"图层 1"命名为"蜻蜓"，选择第 60 帧，按 F6 键插入关键帧。

3）单击"时间轴"面板中的"新建图层"按钮，插入一个新的图层，命名为"引导层"。选择铅笔工具，在选项中设置为平滑，在舞台上画出蜻蜓飞舞的路线，如图 7-70 所示。

4）右键单击"引导线"图层，选择引导层，如图 7-71 所示。拖动蜻蜓图层到引导层，使引导层能够引导蜻蜓，如图 7-72、图 7-73 所示。

图 7-70　画引导线　　　　　　　　　图 7-71　引导层设置

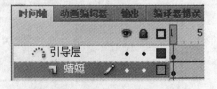

图 7-72　拖拽蜻蜓图层　　　　　　　图 7-73　蜻蜓被引导层引导

5）调整"蜻蜓"位置，使其第 1 帧和第 60 帧分别位于引导线的两端，右键单击"蜻蜓"图层的除第 60 帧外的任意一帧，选择"创建传统补间"，打开"属性"面板，勾选"调整到路径"复选项，使蜻蜓沿路径运动时，身体也会随着路径的扭曲而改变位置，即可创建蜻蜓沿引导线运动的动画。

5. 制作双蜻蜓飞舞动画

1）单击"场景 1"返回场景，选择"背景"层的第 80 帧，按 F5 键插入帧来延长帧。

2）单击"时间轴"面板中的"新建图层"按钮，插入一个新的图层，更名为"蜻蜓飞舞"，选择该图层的第 1 帧，将"库"面板中的"蜻蜓飞舞"元件拖拽到舞台中，调整位置和大小。右键单击"蜻蜓飞舞"元件，选择"动作"，打开"动作-影片剪辑"面板，在面板中输入影片剪辑动作代码，如图 7-74 所示。

```
1  onClipEvent(mouseDown){
2      duplicateMovieClip(this,fly,1);
3      setProperty(fly,_y,y-50);
4  }
5  onClipEvent(mouseUp){
6  removeMovieclip(this);
7  }
```

图 7-74　影片剪辑动作代码

3）完成动画的制作，按"Ctrl + Enter"键测试动画。

任务二　水波纹动画

知识目标：掌握影片剪辑动作代码的添加方法及应用技巧。

技能目标：熟练掌握影片剪辑添加代码的应用技能。

任务描述

"山清水秀，阳光明媚，小船轻漂，水波荡漾"，使人不禁沉浸在这美妙的画面当中。本次任务制作的就是鼠标滑过水面时，荡起水波的动画效果，如图 7-75 所示。

任务分析

本项任务首先制作椭圆、按钮元件，然后制作"波纹"影片剪辑，最后对"波纹"影片剪辑添加动作代码，拖动到舞台实现动画效果。

图 7-75　水波纹动画

相关知识

浏览器/网络语句的命令及功能，见表 7-4。

表 7-4　浏览器/网络语句的命令及功能

命　令	功　能
fscommand	将 FSCommand 发送到影片的容器中
getURL	通知 Web 浏览器定位到指定的 URL
loadMovie	将 SWF，JPEG，GIF 或 PNG 从 URL 加载到影片剪辑中
loadmovieNum	将 SWF，JPEG，GIF 或 PNG 从 URL 文件从 URL 加载到级别中
loadVariables	从 URL 加载变量
loadVariablesNum	将变量从 URL 加载到级别中
UnloadMovie	卸载用 loadMovie 加载的影片剪辑
unloadMovieNum	卸载用 loadmovieNum 加载的影片剪辑

 任务实施

1. 导入素材

1）打开 Flash CS4 窗口，新建"Flash 文档"，设置"背景色"为"黑色"。

2）单击"窗口"→"库"菜单命令，调出"库"面板，选择"文件"→"导入"→"导入到库"菜单命令，在弹出的"导入到库"对话框中选择"素材"→"模块七"→"单元三"中的"背景 1. jpg"文件，单击"打开"按钮，将文件导入到"库"面板中，将"库"面板中的位图"背景"拖拽到舞台窗口中。选择位图"属性"面板，在对话框中取消高度值和宽度值的锁定并进行设置，使图片与舞台大小相同并位于窗口的正中位置，并将"图层 1"更名为"背景"，效果如图 7-76 所示。

图 7-76　舞台背景设置

2. 制作椭圆图形、按钮元件

1）单击"插入"→"新建元件"菜单命令，打开"创建新元件"对话框，在该对话框中设置名称为"椭圆"，类型为"图形"，单击"确定"按钮，进入元件的编辑界面，选择椭圆工具，设置"笔触颜色"为"#CCCCCC"，"大小"为"1"，在舞台中绘制一个椭圆，如图 7-77 所示。

2）单击场景 1 返回场景，单击"插入"→"新建元件"菜单命令，打开"创建新元件"对话框，在该对话框中设置名称为"按钮"，类型为"按钮"，单击"确定"按钮，进入元件的编辑界面，单击点击帧，按 F6 键插入关键帧，选择矩形工具，"笔触颜色"为"#CCCCCC"，"填充颜色"为"#336699"，在舞台中绘制矩形，如图 7-78 所示。

图 7-77　绘制椭圆

图 7-78　绘制矩形

3. 制作水波纹影片剪辑元件

1）单击"场景 1"返回场景，单击"插入"→"新建元件"菜单命令，打开"创建新元件"对话框，在该对话框中设置名称为"水波纹"，类型为"影片剪辑"，单击"确定"按钮，进入元件的编辑界面，单击"图层 1"的第 2 帧，按 F6 键插入关键帧，打开"库"面板，将椭圆元件拖拽到舞台中，调整位置及大小，选择第 11帧，按 F6 键插入关键帧，选择任意变形工具，将椭圆元件等比例放大，如图 7-79 所示。

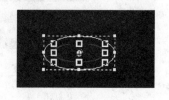

图 7-79　调整椭圆大小

2）同理，选择第 21 帧，按 F6 键插入关键帧，选择任意变形工具，将椭圆元件等比例放大。选择第 31 帧，按 F6 键插入关键帧，选择椭圆元件，打开"属性"面板，选择色彩效果中的样式中的 Alpha，设置为"0"（完全透明）。在第 11、21 帧位置右键单击，选择创建传统补间，时间轴效果如图 7-80 所示。

图 7-80　时间轴设置效果

3）单击"时间轴"面板中的新建图层按钮，单击 4 次，新建 4 个图层，选择"图层 1"的第 2 至 31 帧，右键单击选择复制帧，分别右键单击图层 2、3、4、5 的第 8、15、22、29帧，选择粘贴帧，时间轴设置效果如图 7-81 所示。

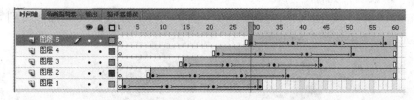

图 7-81　时间轴效果图

4）删除多余的帧，时间轴效果如图 7-82 所示。

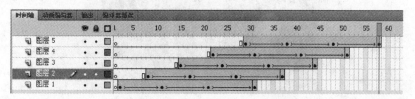

图 7-82　删除多余帧后的时间轴效果

5）单击"时间轴"面板中的"新建图层"按钮，插入一个新的图层，选择第 1 帧，将"库"面板中的"按钮"元件拖拽到舞台中，调整位置和大小，效果如图 7-83 所示。

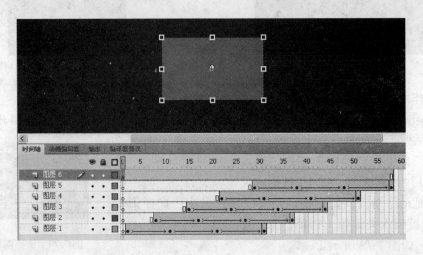

图 7-83　按钮在舞台中的效果

4. 添加动作代码

右键单击"水波纹"影片剪辑元件"图层 1"中的第 1 帧，选择"动作"，打开"动作-帧"面板，输入"stop（）；"动作代码，使"水波纹"一开始是停止的。右键单击按钮元件，选择"动作"命令，打开"动作-按钮"面板，动作代码设置如图 7-84 所示。

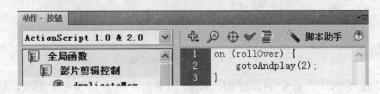

图 7-84　动作代码

5. 复制"水波纹"元件

1）单击"场景 1"返回场景，打开"库"面板，将"水波纹"元件拖拽到舞台中，多次拖拽复制元件，效果如图 7-85 所示。

图 7-85　复制元件的效果

2）完成实例的制作，按"Ctrl + Enter"键测试动画效果。

单元四 控制主动画

任务一 风景欣赏动画

> **知识目标**：掌握通过动作脚本实现控制动画播放的动画效果。
> **技能目标**：熟练掌握各种代码控制主动画的实际应用技能。

任务描述

我们祖国的大好河山，到处都有美丽的风景，本项任务完成的就是通过按钮动作来实现观赏美丽风景的动画效果，如图 7-86 所示。

图 7-86 风景欣赏动画

任务分析

本项任务首先导入 10 幅美丽的风景图片并放置在舞台中，然后绘制浏览的矩形窗口，添加按钮，最后添加动作代码来实现动画效果。

相关知识

如果动画中包含有影片剪辑元件实例，则动画中有多个动画和多个时间轴，那么位于主场景中时间轴上的动画就是主动画。

通过为主动画中的按钮或帧设置动作，可以方便地控制主动画，包括播放/停止主动画、关闭/打开音效、跳转到其他场景或帧、设置超链接、发送/接收命令或载入/卸载其他动画等。

任务实施

1. 导入素材

1）打开 Flash CS4 窗口，新建"Flash 文档"，设置"背景颜色"为"绿色"。

2）单击"窗口"→"库"菜单命令，调出"库"面板，选择"文件"→"导入"→"导入到库"菜单命令，在弹出的"导入到库"对话框中选择"素材"→"模块七"→"单元四"中的"图片 1. jpg"到"图片 10. jpg"文件，单击"打开"按钮，将文件导入到"库"面板中。

2. 制作"图片"图层

1）双击"图层 1"更名为"图片"，选择"图片"图层的第 1 帧，打开"库"面板，将"图片 1"拖拽到舞台中，打开"属性"面板，设置"图片 1"大小为：长"400"、宽"300"，调整到舞台的中央位置（可以采用"修改"→"对齐"→相对于舞台分布→水平居中、垂直居中）。

2）选择第 2 帧，按 F6 键插入关键帧，将"库"面板中的"图片 2"拖拽到舞台中，调整到"图片 1"的大小和位置。同理，将其余图片分别放在 8 个帧中，并调整到相同大小，效果如图 7-87 所示。

3. 制作"文字"图层

1）单击"时间轴"面板中的"新建图层"按钮，插入一个新的图层，更名为"文字"。

2）选择第 1 帧，选择文本工具，设置属性为：字体"华文新魏"，字号"40"，颜色"红色"，在舞台的正上方输入"风景欣赏"文字，效果如图 7-88 所示。

图 7-87　"图片"图层制作效果

图 7-88　文字效果

4. 制作"边框"图层

1）单击"时间轴"面板，单击"新建图层"按钮，插入一个新的图层，更名为"边框"。

2）选择第 1 帧，选择矩形工具，设置"笔触颜色"为"#006633"，"填充颜色"为"无"，"笔触大小"为"4. 85"，绘制矩形，宽为"400"，高为"300"，效果如图 7-89 所示。

图 7-89　边框设置效果

5. 制作"动作"图层

1）单击"时间轴"面板，单击"新建图层"按钮，插入一个新的图层，更名为"动作"。

2）在第 2 帧至第 10 帧分别插入空白关键帧，在第 1 帧至第 10 帧上，每帧右键单击选择动作，打开"动作-帧"面板，在面板中输入"stop（）;"语句，使每一帧在播放时都处于停止状态。

6. 制作"按钮"图层

1）单击"时间轴"面板，单击"新建图层"按钮，插入一个新的图层，更名为"按钮"。

2）单击"窗口"→"公用库→"按钮"菜单命令，打开"库-BUTTONS. FLA"面板，双击"classic buttons"文件夹下的"playback"文件夹，分别将"gel Fast Forward"、"gel Left"、"gel Rewind"、"gel Right"4 个按钮拖拽到舞台中，调整大小和位置，如图 7-90 所示。

图 7-90　添加按钮效果

3）分别右键单击 4 个按钮添加动作代码，如图 7-91～图 7-94 所示。

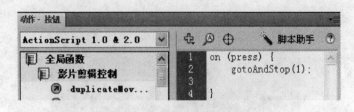

图 7-91　gel Rewind 按钮代码

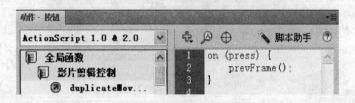

图 7-92　gel Left 按钮代码

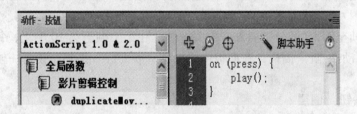

图 7-93　gel Right 按钮代码

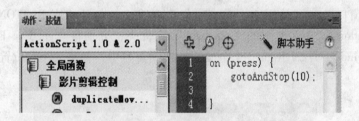

图 7-94　gel Fast Forward 按钮代码

4）完成实例的制作，按"Ctrl + Enter"键测试动画效果。

任务二　自由飞翔动画

> **知识目标：**掌握通过动作脚本实现控制动画播放的动画效果。
> **技能目标：**熟练掌握各种代码控制主动画的实际应用技能。

📖 任务描述

　　蓝蓝的天，清清的水，翠绿的山，小鸟在天空中自由地飞翔着。本项任务就是要完成小鸟在天空中自由飞翔的动画效果，如图 7-95 所示。

图 7-95 小鸟自由飞翔动画

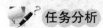 **任务分析**

本项任务首先要制作小鸟翅膀扇动的动画效果，然后制作风景图片由右到左移动的动画效果，最后制作按钮并添加动作代码。通过此项任务的学习，掌握如何用按钮和动作脚本自如地实现动画的控制效果。

任务实施

1. 导入素材

1）打开 Flash CS4 窗口，新建 Flash 文档，设置舞台大小：宽度为"1000"，高度为"400"。

2）单击"窗口"→"库"菜单命令，调出"库"面板，选择"文件"→"导入"→"导入到库"菜单命令，在弹出的"导入到库"对话框中选择"素材"→"模块七"→"单元四"中的"背景.jpg"。单击"打开"按钮，将文件导入到"库"面板中，将"库"面板中的位图"背景"拖拽到舞台窗口中。选择位图"属性"面板，在对话框中取消高度值和宽度值的锁定并进行设置，并将"图层 1"更名为"背景"，效果如图 7-96 所示。

图 7-96 背景图片的设置

2. 制作"背景"图片动画

1）选择"背景"图层的第 1 帧，将"背景"图片调整到图的左侧与舞台在侧对齐，选择第 90 帧，按 F6 键插入关键帧，调整图片使图片的右边与舞台的右边对齐。

2）右键单击除第 90 帧以外的任意一帧，选择创建传统补间，背景的补间动画制作完毕，按 "Ctrl + Enter" 键测试动画，效果如图 7-97 所示。

图 7-97　背景图层动画效果

3. 制作 "小鸟" 元件

1）单击 "插入" → "新建元件" 菜单命令，打开 "创建新元件" 对话框，设置名称为 "小鸟"，类型为 "影片剪辑"，单击 "确定" 按钮，进入元件编辑窗口。

2）选择 "文件" → "导入" → "导入到库"
菜单命令，打开 "导入到库" 对话框，选择 "素材" → "模块七" → "单元四" 中的 "小鸟 . gif"
文件，单击 "打开" 按钮，将 "小鸟" 文件导入到 "库" 中。

3）此时小鸟文件共导入 7 个位图、一个 " . gif"
文件和一个影片剪辑文件，双击影片剪辑文件，更名为 "小鸟"，双击文件，进入编辑窗口，修改影片

图 7-98　小鸟元件制作效果

剪辑，在每一帧后按 F5 键插入一个普通帧，效果如图 7-98 所示。

4）在 "库" 面板中创建一个文件夹，命名为 "小鸟"，将位图文件和 " . gif" 文件保存在该文件夹中。

4. 生成 "小鸟" 实例

单击 "场景 1" 返回场景，单击 "时间轴" 面板中的 "新建图层" 按钮，新建一个图层，更名为 "小鸟"，选择图层的第 1 帧，打开 "库" 面板，将 "小鸟" 元件拖拽到舞台上，调整位置和大小，效果如图 7-99 所示。

5. 制作 "按钮" 元件

1）单击 "插入" → "新建元件" 菜单命令，打开 "创建新元件" 对话框，设置名称为播放，类型为 "按钮"，单击 "确定" 按钮，进入元件编辑窗口。

图 7-99 制作"小鸟"实例效果

2）选择矩形工具，设置"笔触颜色"为"蓝色"，"填充颜色"为"#336699"，"线宽"为"1"，在舞台中拖动鼠标，绘制矩形，效果如图 7-100 所示。

3）选择文字工具，设置"字体"为"华文新魏"，"字号"为"40"，"颜色"为"#660066"，在矩形内部输入文字"播放"，效果如图 7-101 所示。

图 7-100 绘制矩形

图 7-101 输入文字

4）在"指针经过"和"按下"帧上分别按 F6 键插入关键帧，选择"指针经过"帧，修改"笔触颜色"为"绿色"，选择"按下"帧，修改"填充颜色"为"蓝色"，完成"播放"按钮的制作。

5）打开"库"面板，右键单击"播放"按钮，选择直接复制，将复制后的按钮更名为"停止"，并修改按钮文字为"停止"。用同样方法，制作一个"退出"按钮。

6. 制作"按钮"图层

1）单击"场景 1"返回场景，单击"时间轴"面板中的"新建图层"按钮，新建一个图层，更名为"按钮"，选择图层的第 1 帧，打开"库"面板，将"播放"按钮、"停止"按钮和"退出"按钮元件拖拽到舞台上，调整位置和大小，效果如图 7-102 所示。

图 7-102 调整"按钮"元件

2）右键单击"按钮"图层的第 1 帧，选择"动作"，打开"动作-帧"面板，在面板中输入动作代码，效果如图 7-103 所示。

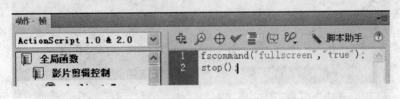

图 7-103　动作代码

3）右键单击"播放"按钮、"停止"按钮和"退出"按钮，选择"动作"，打开"动作-按钮"面板，动作代码设置效果如图 7-104、图 7-105、图 7-106 所示。

图 7-104　"播放"按钮动作代码

图 7-105　"停止"按钮动作代码

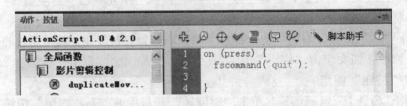

图 7-106　"退出"按钮动作代码

4）完成实例的制作，按"Ctrl + Enter"键测试动画效果。选择"文件"→"发布设置"菜单命令，打开"发布设置"对话框，勾选"Windows 放映文件（.exe）"复选项，单击"发布"按钮，生成可执行文件，播放文件观察动画效果。

技能操作练习

打开模块六制作的"校园生活图片展"动画文件，为按钮或帧添加动作脚本。具体要求如下：

1）根据模块六的技能操作训练内容，将"cj1"场景动画时间轴调整为如图 7-107 所示动画效果。

① 选择"开锁按钮"图层的第 1 帧，按 F6 键插入关键帧，将"开锁"按钮拖入舞台，如图 7-108 所示，右键单击"开锁"按钮，选择"动作"命令，打开"动作-按钮"

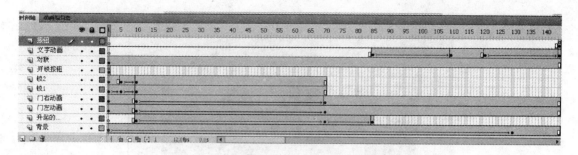

图 7-107　"cj1"场景时间轴效果

对话框，输入代码如图 7-109 所示。选择第 1 帧，按 F9 键打开"动作-帧"对话框，输入"stop（）;"代码。

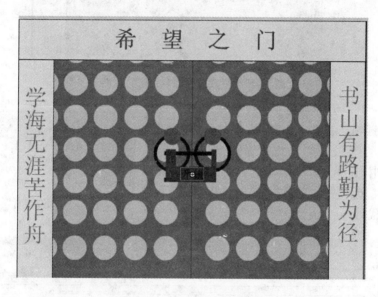

图 7-108　"开锁"按钮的位置

② 选择"按钮"图层第 145 帧，按 F6 键插入关键帧，将"欢迎观赏"按钮拖入场景，如图 7-110 所示。右键单击"欢迎观赏"按钮，选择"动作"命令，打开"动作-按钮"对话框，输入代码如图 7-111 所示。右键单击第 145 帧，选择"动作"命令，打开"动作-帧"对话框，输入"stop（）;"代码。

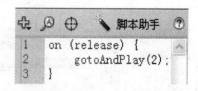

图 7-109　"开锁"按钮代码

2）根据模块六的技能操作训练内容，将"cj2"场景动画时间轴调整为如图 7-112 所示动画效果（"图片 5"图层到 300 帧）。

① 选择"按钮"图层的第 1 帧，将"校园一角"、"学生课余生活"、"学生学习生活"三个按钮拖入舞台，效果如图 7-113 所示。右键单击"校园一角"按钮，选择"动作"命令，打开"动作-按钮"对话框，输入代码如图 7-114 所示。"学生课余生活"按钮的代码如图 7-115 所示。"学生学习生活"按钮的代码如图 7-116 所示。右键单击第 1 帧，选择"动作"命令，打开"动作-帧"对话框，输入 stop（）;代码。

图 7-110　"欢迎观赏"按钮的位置

② 选择"cj2"场景的最后一帧，如果不是关键帧可以插入关键帧，右键单击该帧，选择"动作"命令，打开"动作-帧"对话框，输入 gotoAndPlay (1)；代码，同样选择"cj3"、"cj4"两个场景的最后一帧，打开"动作-帧"对话框，输入 gotoAndPlay ("cj2"，1)；代码。

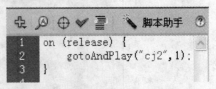

图 7-111　"欢迎观赏"按钮代码

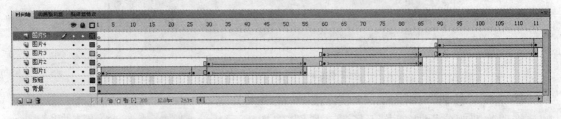

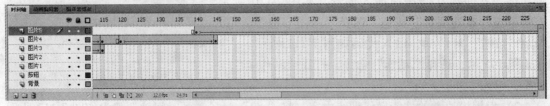

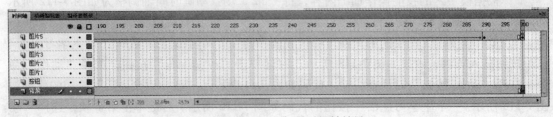

图 7-112　"cj2"场景时间轴效果

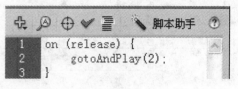

图 7-113 三个按钮的位置　　　　图 7-114 "校园一角"按钮代码

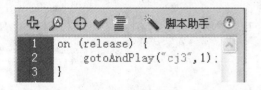

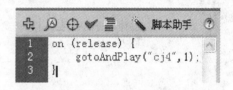

图 7-115 "学生课余生活"按钮代码　　　图 7-116 "学生学习生活"按钮代码

3）根据模块六的技能操作练习内容，将"cj3"场景动画时间轴调整为如图 7-117 所示动画效果。

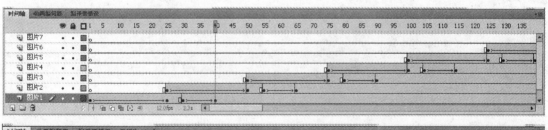

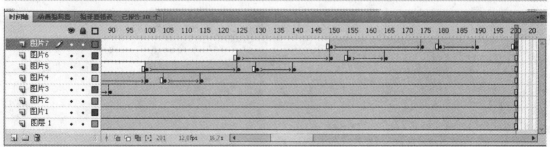

图 7-117 "cj3"场景时间轴效果

4）根据模块六的技能操作训练内容，将"cj4"场景动画时间轴调整为如图 7-118 所示动画效果。

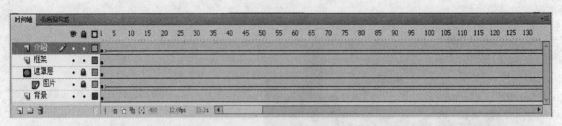

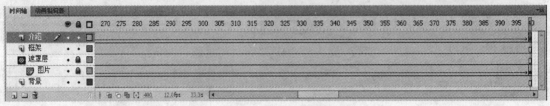

图 7-118   "cj4" 场景时间轴效果

提示

以上时间轴因为在一页中显示不下，所以分块截取。

模块八　动画中的音频应用

 为按钮添加声音

任务一　制作"重放"按钮并添加声音

> **知识目标：**掌握在按钮中添加声音的操作方法。
>
> **技能目标：**熟练掌握声音属性的设置，并能制作其他效果的音效按钮。

任务描述

按钮是 Flash 用来制作交互式动画的主要元件，此项任务就是创建按钮元件，并为按钮的三个状态添加声音特效，效果如图 8-1 所示。

任务分析

本项任务是让学生为按钮的三个状态分别添加声音特效。首先需要导入已经准备好的三个声音素材，然后开始制作按钮并分别添加声音。

图 8-1　按钮效果图

相关知识

1. Flash 所支持的声音格式

1）WAV 格式（＊.wav）是最常见的声音格式，其录制格式分为 8bit 和 16bit，还有单声道和立体声之分。

2）MP3 格式（＊.mp3）是目前最流行的声音格式，具有高效率的数据压缩效果，是多媒体影音标准的趋势。

3）AIFF 格式（＊.aiff）是 PC、Mac 及 Unix 等操作系统共享的声音格式。

2. 声音的同步设置

打开"声音"属性面板，单击同步右侧的下拉列表，显示如图 8-2 所示。

（1）事件　当声音启用时会自动播放，即使动画播放完毕声音的播放也不会受到影响，会继续播放直到完毕才会停止，它是与时间轴无关的。如果动画事件比声音事件短，当动画播放未设置停止时就会从头开始播放，这样声音会出现重叠。

（2）开始　与"事件"很相似，只是播放声音时不出现声音的重叠现象，声音播放完毕后才会重新开始播放同一个声音文件。如果一个影片的动画已经停止，声音未播放完，声音会继续播放。

（3）停止　停止播放，在此帧不会有声音的波形。

（4）数据流　使动画和声音同步播放，声音会随着动画的结束而结束。此种形式以声音为主，如果声音长度比动画短，会损失掉部分帧而影响动画的流畅性。

（5）重复　如果让声音不停地重复播放，可以将数值设定的值大一些，最大值为 9999。

（6）循环　表示声音可以不停地重复播放。

3. 声音的编辑

单击波形的任一帧，在属性面板中的"效果"菜单中有几种默认的声音效果，如图 8-2 所示。

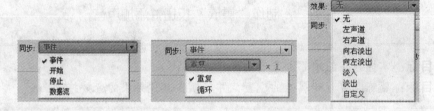

图 8-2　声音的同步设置及效果设置

（1）左声道　只播放左声道的声音。

（2）右声道　只播放右声道的声音。

（3）从右淡出　声音强度由左移至右。

（4）从左淡出　声音强度由右移至左。

（5）淡入　声音由小变大（声音接近的感觉）。

（6）淡出　声音由大变小（声音离开的感觉）。

编辑封套。如果在动画中仅使用音频文件中的一段声音，这就需要调整音频的起点和终点，使声音变短来截取声音中的效果。在"声音"属性面板的"声音"选项区中单击"编辑声音封套"按钮，弹出"编辑封套"对话框。

1）波点窗口：显示声音文件的波形，如图 8-3 所示。

2）编辑节点：用来控制音量的大小。节点的高低代表音量的高低，节点越靠上方，音量就越大，如图 8-4 所示。

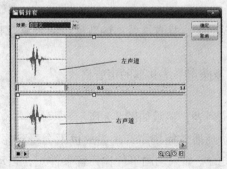

图 8-3　波点窗口

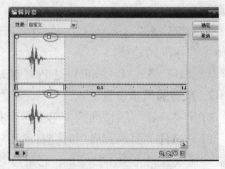

图 8-4　编辑节点

3）缩放视图：单击右下方的"放大"、"缩小"按钮，可以缩放视图。有些声音的长度很长，必须缩小视图才能完整显示。

4）截取片段：如果只需要使用声音的某个片段，可以拖拽滑杆来移动"起始位置"和"结尾处"的滑杆。

5）声音长度显示：窗口右下角呈"时钟状"的按钮，可以让波形的长度以"秒"为单位显示，而"影片"按钮可以让波形长度以"帧"为单位。

6）播放、停止按钮：即时试听修改后的声音和效果。

任务实施

1. 导入素材

1）打开 Flash CS4 窗口，新建 Flash 文档，按"Ctrl + F3"键，弹出"文档属性"面板，单击"编辑"按钮，在弹出的对话框中将舞台窗口的宽度设为"550 像素"，高度设为"400 像素"，如图 8-5 所示。

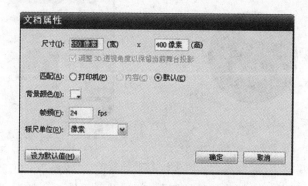

图 8-5 文档属性设置

2）单击"窗口"→"库"菜单命令，调出"库"面板，选择"文件"→"导入"→"导入到库"菜单命令，在弹出的"导入到库"对话框中选择"素材"→"模块八"→"单元一"→"任务一"中的"1. mp3"、"2. mp3"、"3. mp3"三个声音文件，单击"打开"按钮，将文件导入到"库"面板中，如图 8-6 所示。

2. 制作按钮

1）单击"库"面板的"新建元件"按钮，新建图形元件，命名为"元件 1"，如图 8-7所示。在图形元件的"图层 1"中绘制圆形，设置颜色为"蓝色"，如图 8-8 所示。

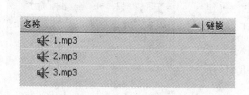

图 8-6 导入声音文件到库

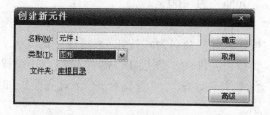

图 8-7 "创建新元件"对话框

2）在"元件 1"中新建"图层 2"，并在"图层 2"中绘制椭圆，设置颜色为"渐变填

图 8-8　绘制圆形

充"，色块 1 为"蓝色"，"Alpha"为"60％"，色块 2 为"白色"，"Alpha"为"60％"，如图 8-9 所示。

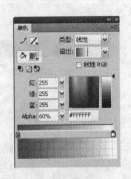

图 8-9　绘制椭圆

3）单击"库"面板的"新建元件按钮"，新建图形元件，命名为"元件 2"，在图形元件的"图层 1"中绘制圆形，设置颜色为"#ff6600"。

4）在"元件 2"中新建"图层 2"，并在"图层 2"中绘制椭圆，设置颜色为渐变填充，色块 1 为"#ff6600"，"Alpha"为"60％"，色块 2 为"白色"，"Alpha"为"60％"。

5）单击"库"面板的"新建元件按钮"，新建图形元件，命名为"元件 3"，在图形元件的图层 1 中绘制圆形，设置颜色为"#006600"。

6）在"元件 3"中新建"图层 2"，并在"图层 2"中绘制椭圆，设置颜色为"渐变填充"，色块 1 为"#006600"，"Alpha"为"60％"，色块 2 为"白色"，"Alpha"为"60％"。

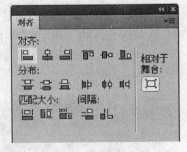

7）单击"库"面板的"新建元件"按钮，新建按钮元件，命名为"按钮"。将库中的"元件 1"拖放到按钮元件的"图层 1"的弹起帧，并设置相对于舞台"水平对齐"、"垂直对齐"，对齐面板如图 8-10 所示。

图 8-10　对齐面板

8）在指针经过帧处插入空白关键帧，将库中的"元件 2"拖放到按钮元件的"图层 1"的指针经过帧，并设置相对于舞台"水平中齐"、"垂直中齐"。

9）在按下帧处插入空白关键帧，将库中的"元件3"拖放到按钮元件的"图层1"的按下帧，并设置相对于舞台"水平中齐"、"垂直中齐"。

10）在"图层1"上新建"图层2"，在"图层2"添加文字"重放"，如图8-11所示。

3. 为按钮添加声音

1）在"按钮元件"的"图层2"上面新建"图层3"，将库中的"1. mp3"拖放到"图层3"的弹起帧。

2）在指针经过帧处插入空白关键帧，并将库中的"2. mp3"拖放到"图层3"的指针经过帧。

3）在按下帧处插入空白关键帧，并将库中的"3. mp3"拖放到"图层3"的按下帧，添加声音如图8-12所示。

图8-11　添加文字

图8-12　添加声音

4）单击"场景1"，并将库中的"按钮元件"拖放到舞台中。

4. 测试动画效果

按组合键"Ctrl + Enter"测试影片，观看动画播放效果。

任务二　制作"图片"按钮并添加声音

> **知识目标：**掌握用图形来创建按钮元件，并设置编辑声音属性的方法。
> **技能目标：**熟练掌握制作按钮的技能。

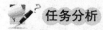 **任务描述**

有时为了美化按钮，也可以将按钮做成图形样式，这样的按钮会更生动、美观，此项任务就是创建图形元件制作按钮，并为按钮的单击状态添加声音特效，将音频效果输出，效果如图8-13所示。

任务分析

本项任务是将图片作为按钮素材，让学生为按钮的输出状态添加声音特效。首先需要导

图 8-13　图片按钮效果图

入已经准备好的图片和声音素材，然后制作按钮声音特效，并输出音频。

Flash 的压缩格式

（1）ADPCM 压缩格式　通过降低声波的位数来压缩声音文件。

（2）MP3 压缩格式　将声音文件中高频和低频的部分删除，是压缩比最大的一种声音压缩方式。

（3）原始压缩格式　只能通过降低采样率的方式压缩声音文件。

（4）语音压缩格式　如果声音文件是谈话类型的，可以用此压缩方式来得到不错的声音质量。

使用哪一种压缩格式，需要根据实际状况决定，只有多次的尝试才能找到最不失真又能减小文件大小的一种格式。

任务实施

1. 导入素材

1）打开 Flash CS4 窗口，新建 Flash 文档，"舞台大小"设为默认。

2）单击"窗口"→"库"菜单命令，调出"库"面板，选择"文件"→"导入"→"导入到库"菜单命令，在弹出的"导入到库"对话框中选择"素材"→"模块八"→"单元一"→"任务二"中的"Hello Kitty. mp3"声音文件和"kitty. jpg"图片文件，单击"打开"按钮，将文件导入到"库"面板中，如图 8-14 所示。

2. 制作按钮

1）单击"库"面板的"新建元件"按钮，新建图形元件，命名为"元件 1"，如图 8-15所示。将库中的图片"kitty. jpg"拖动到"元件 1"的"图层 1"中并相对于舞台居中，如图 8-16 所示。

2）单击"库"面板的"新建元件"按钮，新建影片剪辑元件，命名为"元件 2"，如图 8-17 所示。将库中的"元件 1"拖动到"元件 1"的"图层 1"中并相对于舞台居中。

图 8-14 "导入到库"对话框

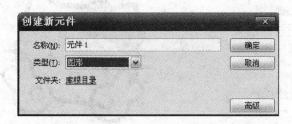

图 8-15 新建图形元件

图 8-16 kitty 图片

3）在"元件 2"的"图层 1"的第 5、10、15 帧插入关键帧，如图 8-18 所示。

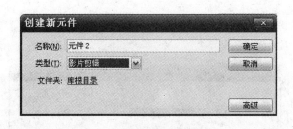

图 8-17 新建影片剪辑元件

图 8-18 插入关键帧

4）选择第 1 帧的元件实例，用任意变形工具逆时针旋转一些。

5）选择第 10 帧的元件实例，用任意变形工具顺时针旋转一些。

6）分别选择第 1、5、10、15 帧，右键单击鼠标，在弹出的快捷菜单中选择"创建传统补间"，如图 8-19 所示。

7）单击"库"面板的"新建元件"按钮，新建按钮元件，命名为"元件3"，如图8-20所示。将"元件1"拖动到"元件3"的弹起帧并相对舞台居中对齐。

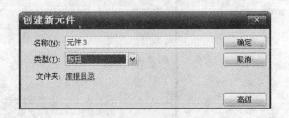

图8-19　创建传统补间

图8-20　新建按钮元件

8）在"元件3"的指针经过帧处新建空白关键帧，将"元件2"拖动到指针经过帧并相对舞台居中对齐，在"元件3"的"按下"帧处插入关键帧，如图8-21所示。

3. 为按钮添加声音

1）在"按钮元件"的"图层1"上面新建"图层2"，在按下帧处插入关键帧，并将库中的"Hello Kitty.mp3"拖放到"图层2"的按下帧，添加声音如图8-22所示。

2）选择按下帧，按快捷键"Ctrl + F3"打开声音属性，选择配置文件的编辑按钮，单击音频流的编辑按钮，"声音设置"对话框中

图8-21　插入关键帧

"压缩格式"设为"MP3"，"比特率"为"16kbps"，"品质"为"快速"，如图8-23所示。

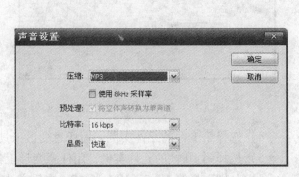

图8-22　添加声音

图8-23　"声音设置"对话框

3）单击"场景 1"，并将库中的"按钮元件"拖放到舞台中。

4. 测试动画效果

按组合键"Ctrl + Enter"测试影片，观看动画播放效果。

单元二　为动画添加声音

任务一　制作"乡间小路"动画并添加声音

> **知识目标**：此例子的声音时间长，动画时间短，强化声音属性的练习。
> **技能目标**：学会制作自己喜欢的 MTV。

任务描述

"乡间小路上，一个牧童在山间吹着牧笛，天空中飘着白云……"，本项任务就是要制作"乡间小路"场景的一个简单动画，并为动画添加声音，效果如图 8-24 所示。

图 8-24　"乡间小路"动画效果图

任务分析

本项任务是让学生利用前面章节学到的知识来绘制一个"乡间小路"的场景，并且制作一些简单的动画，并为此场景动画添加声音。

任务实施

1. 导入素材

1）打开 Flash CS4 窗口，新建 Flash 文档，按"Ctrl + F3"键，打开"文档属性"对话框，单击"编辑"按钮，在对话框中将舞台窗口的宽度设为"800 像素"，高度设为"400 像素"，如图 8-25 所示。

2）单击"窗口"→"库"菜单命令，调出"库"面板，选择"文件"→"导入"→"导入到库"菜单命令，在打开的"导入到库"对话框中选择"素材"→"模块八"→"单元二"→"任务一"中的"乡间小路.mp3"声音文件，单击"打开"按钮，将文件导

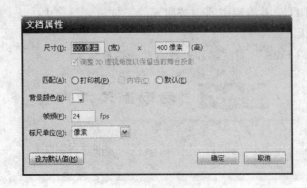

图 8-25　设置文档属性

入到"库"面板中。

2. 制作乡间小路的场景

1）单击"库"面板的"新建元件"按钮，新建图形元件，命名为"草地"。在图形元件的"图层 1"中绘制矩形，"颜色"为"绿色"，利用钢笔工具将矩形图绘制成"草地"图形，如图 8-26 所示。

2）新建图形元件，命名为"天空"。利用矩形工具绘制矩形，并线性填充深蓝色到浅蓝色的渐变，用填充变形工具调整填充的方向、宽度，调整天空的填充效果，绘制"天空"图形，如图 8-27 所示。

图 8-26　绘制"草地"图形

图 8-27　绘制"天空"图形

3）新建三个图形元件，分别命名为"云彩 1"、"云彩 2"和"蘑菇房子"，利用椭圆工具绘制云彩，利用椭圆和矩形及钢笔工具来绘制蘑菇房子，效果如图 8-28 所示。再分别创建三个影片剪辑元件，分别命名为"云朵飘 1"和"云朵飘 2"、"小牧童"，分别将图形元件"云彩 1"、"云彩 2"和"牧童"放到影片剪辑元件中。

图 8-28　绘制云彩和蘑菇房子图形

4）分别创建图形元件"耳朵"、"眼睛"、"嘴巴"、"脸"、"帽子"、"胳膊"、"手"、"身体"、"下身"、"笛子"，分别在这些元件中绘制图形，最后再新建图形元件"牧童"，将以上的元件分别放置在"牧童"元件中，效果如图 8-29 所示。

5）单击库面板中的"新建文件夹"按钮，并命名为"场景创建"，将刚刚创建的所有场景元件移动到该文件夹中，效果如图 8-30 所示。

图 8-29　"牧童"图形

图 8-30　创建文件夹

3. 制作元件动画

1）双击"云朵飘 1"影片剪辑元件，在第 50 帧和第 100 帧处插入关键帧，选择第 50 帧的云朵，向右移动一些，并将 alpha 设置为"0"。分别选择第 1 帧和第 50 帧创建传统补间，如图 8-31 所示。

图 8-31　创建传统补间

2）用上述相同的方法制作"云朵飘 2"影片剪辑的效果。

3）双击"小牧童"影片剪辑元件，分别在第 50 和 100 帧处创建关键帧，选择第 1 帧的牧童实例，利用任意变形工具逆时针旋转一些，选择第 50 帧的牧童实例，利用任意变形工具顺时针旋转一些，再选择时间轴的第 1 帧复制帧，并选择第 100 帧粘贴帧。选择第 1 和 50 帧，创建传统补间。

4. 场景效果制作

1）在场景中从下到上分别创建图层"天空"、"草地"、"房子"、"白云 1"、"白云 2"、"牧童"，并分别把对应元件拖动到图层上，选择每个图层的第 100 帧按 F5 键插入帧，效果如图 8-32 所示。

图 8-32　创建各图层及延长帧

2）在场景中新建图层，命名为"音频"，并将库中的"乡间小路.mp3"拖放到"音频"图层上。设置声音的同步效果为"开始"。

5. 测试动画效果

按组合键"Ctrl + Enter"测试影片，观看动画播放效果。

任务二　制作"致橡树"诗歌朗诵背景动画并添加声音

> **知识目标：** 掌握起始帧的确定方法。
> **技能目标：** 学习制作生动的诗文背景。

任务描述

《致橡树》是诗人舒婷的一首优美、深沉的抒情诗。诗人别具一格地选择了"木棉"与"橡树"两个中心意象，将细腻委婉而又深沉刚劲的感情蕴藏在新颖生动的意象之中。它所表达的爱，不仅是纯真的、炙热的，而且是高尚的、伟大的。它像一支古老而又清新的歌曲，拨动着人们的心弦。此项任务就是把诗歌制作成一个朗诵 MTV，效果如图 8-33 所示。

图 8-33　致橡树效果图

任务分析

本项任务是让学生利用影片剪辑元件的嵌套使用以及路径引导动画的方法制作动画场景，用动画预设来制作一些丰富的动画效果，并为此场景的诗歌朗诵部分配背景音乐及朗诵词。

任务实施

1. 导入素材

1）打开 Flash CS4 窗口，新建 Flash 文档，按"Ctrl + F3"键，打开"文档属性"面板，单击"编辑"按钮，在对话框中将舞台窗口的宽度设为"600"，高度设为"400"，帧频为"8"。

2）单击"窗口"→"库"菜单命令，调出"库"面板，选择"文件"→"导入"→"导入到库"菜单命令，在弹出的"导入到库"对话框中选择"素材"→"模块八"→"单元二"→"任务二"中的"致橡树.mp3"声音文件，"蜂鸟1.png"、"蜂鸟2.png"、"蝴蝶1.pnh"、"蝴蝶2.png"、"花.png"、"凌霄花.jpg"、"木棉.jpg"、"瀑布.jpg"、"险峰.jpg"、"橡树根.jpg"、"橡树1.jpg"、"橡树2.jpg"、"橡树花.jpg"图片文件，单击"打开"按钮，将文件导入到"库"面板中。

提示

png 格式的文件导入到库中时会自动生成相应的图形元件。

2. 制作致橡树的场景

1）单击"库"面板的"新建元件"按钮，新建影片元件，命名为"蝴蝶"。将库中的"蝴蝶1.png"拖动到舞台中并设置为"相对于舞台水平对齐和垂直对齐"，在第2帧插入空白关键帧，将"蝴蝶2.png"拖动到舞台中，并设置为"相对于舞台水平对齐和垂直对齐"，如图8-34所示。

2）新建影片剪辑元件，命名为"蜂鸟"。将库中的"蜂鸟1.png"拖动到舞台中并设置为"相对于舞台水平对齐和垂直对齐"，在第2帧插入空白关键帧，将"蜂鸟2.png"拖动到舞台中，并设置为"相对于舞台水平对齐和垂直对齐"，如图8-35所示。

图8-34 "蝴蝶"元件制作

图8-35 "蜂鸟"元件制作

3）新建影片剪辑元件，命名为"花"。将库中的"花.png"拖动到舞台中，在第3帧插入关键帧，再次拖动一次"花.png"到舞台中，依次再分别在第5、7、9、11、13、15、17、19、21、23、25、27、29、31、33帧处插入关键帧并分别移动"花.png"到舞台中，效果如图 8-36 所示。最后在 33 帧处插入动作 stop（）;。

图 8-36   "花"元件制作

4）在场景中，将"图层 1"名称改为"前景"，并在舞台中绘制矩形，填充蓝色到绿色的渐变，效果如图 8-37 所示。再利用渐变变形工具更改填充效果，如图 8-38 所示。

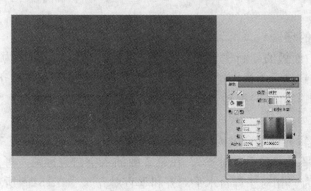

图 8-37   绘制矩形并填充颜色

5）选择矩形工具，将"填充色"设置"无填充色"，"笔触大小"为"10"，在舞台中绘制矩形，效果如图 8-39 所示。再选中矩形框内的矩形填充部分，将其删除，效果如图 8-40所示。

图 8-38   将矩形颜色填充变形

图 8-39   绘制矩形

6）选择场景中绘制的矩形，将其转换为图形元件，命名为"前景"。

7）输入文字"致橡树"，"字号"为"55"，"字体"为"隶书"，"方向"为"垂直"。再添加"投影"滤镜，"强度"为"75%"，效果如图8-41所示。

图8-40　删除矩形填充部分

图8-41　输入文字

8）新建图层，命名为"声音"，将库中的"致橡树.mp3"拖动到"声音"图层，再将"声音"图层拖动到图层的最下方。

3. 制作场景中的动画

 提示　以下动画在确定帧时依赖于在场景中的音频，在编辑的时候注意对准关键帧的位置。

1）新建图形元件，命名为"题目"，输入文字"致橡树　舒婷"，"字体"为"宋体"，"字号"为"60"，"颜色"为"白色"。效果如图8-42所示。在场景中新建图层，命名为"题目"，并将题目图形元件拖放到"题目"图层的舞台中。

2）在"声音"图层上方新建"橡树1"图层，将库面板中的"橡树1.bmp"拖动到图层"橡树1"上，并用任意变形工具把橡树缩放到合适大小，可以在前景中展示，效果如图8-43所示。

图8-42　制作"标题"图形

图8-43　"橡树1"图片调整效果

3）在"题目"图层和"橡树1"图层的第70帧处插入关键帧，并在第70帧处分别为题目文字和橡树图片添加动画预设的"从右边飞入"效果，并将效果的结束帧延长到120帧，如图8-44所示。

图 8-44　动画预设设置

4）在"题目"图层上新建"诗文 1"图层，在 120 帧处插入关键帧。新建"诗文 1"图形元件，并输入诗文。再将"诗文 1"元件拖动到"诗文 1"图层的 120 帧处，效果如图 8-45 所示。

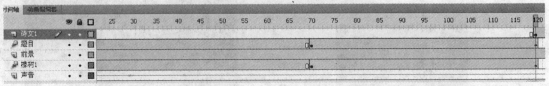

图 8-45　设置"诗文"图层

5）在"声音"图层的上方新建"凌霄花"图层，并在第 70 帧处插入关键帧，将库中的"凌霄花.jpg"拖动到"凌霄花"图层的 70 帧处，效果如图 8-46 所示。

6）在"凌霄花"图层上新建"蝴蝶"图层，在 125 帧处插入关键帧，并把库中的"蝴蝶"影片剪辑元件拖动到"蝴蝶"图层的第 125 帧处。在"蝴蝶"图层上方新建"蝴蝶路径"图层，并将其属性改为"引导层"，在"蝴蝶路径"图层的第 125 帧处插入关键帧，用

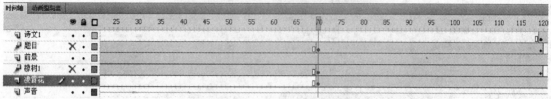

图 8-46　设置"凌霄花"图层

铅笔工具绘制一条路径。在"蝴蝶"图层的第 220 帧处插入关键帧，将 125 帧处的蝴蝶放在路径的右端，将 220 帧处的蝴蝶放在路径的左端，并在第 125 帧处创建传统补间，如图 8-47所示。

图 8-47　设置"蝴蝶"图层

7）在"诗文 1"图层的第 200 帧处插入关键帧，添加动画预设"从顶部飞出"效果，并将效果延长到第 230 帧。在"蝴蝶路径"图层第 220 帧处和"蝴蝶"图层第 221 帧处插入空白关键帧，如图 8-48 所示。

8）在"诗文 1"图层的上方新建图层"诗文 2"，在第 240 帧处插入关键帧。新建图形元件"诗文 2"，输入相应的诗文文字，并将元件"诗文 2"拖动到"诗文 2"图层第 240 帧的舞台中，如图 8-49 所示。

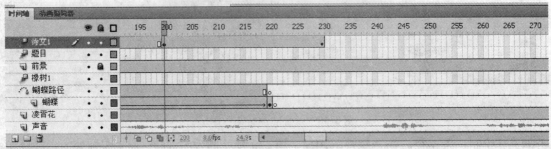

图 8-48　添加动画预设效果

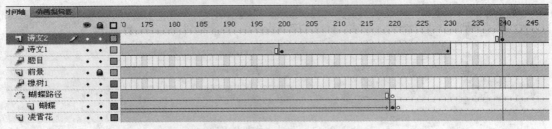

图 8-49　设置"诗文 2"图层

9）在"蝴蝶路径"图层上新建"蜂鸟"图层，在第 240 帧处插入关键帧，并将影片剪辑元件"蜂鸟"拖动到"蜂鸟"图层第 240 帧处，并在第 315 帧处插入关键帧。在"蜂鸟"图层上方新建"蜂鸟路径"图层，并将其属性改为"引导层"，在第 240 帧处插入关键帧，并用铅笔工具绘制一条曲线。在"蜂鸟"图层上将 240 帧处的"蜂鸟"放在路径的右端，将 315 帧处的"蜂鸟"放到路径的左端，并在第 240 帧处创建传统补间，如图 8-50 所示。

图 8-50 设置"蜂鸟"图层

10）在图层"诗文2"的335帧处和图层"凌霄花"的335帧处插入关键帧，并都加入动画预设的"从顶部飞出"效果。

11）在"凌霄花"图层的上方新建图层"瀑布"，在第315帧处插入关键帧，并将"瀑布.jpg"拖动到对应位置，并用任意变形工具进行缩放。在"诗文2"图层上方新建图层"诗文3"，在340帧处插入关键帧，并新建"诗文3"图形元件，输入对应文字，将"诗文3"元件拖动到"诗文3"图层的340帧处。

12）在"瀑布"图层和"诗文3"图层的第390帧处插入关键帧，并将对应在第390帧处的元件实例的"alpha"设置为"0"，再分别建立两个图层的传统补间。

13）在"诗文3"图层的上方创建"诗文4"图层，再创建图形元件"诗文4"，输入对应的文字。在"诗文4"图层的第390帧处插入关键帧，并将"诗文4"元件拖动到此，再在第550帧处和第580帧处分别插入关键帧，把第580帧处的文字实例的"Alpha"设置为"0"，再在第550帧处创建传统补间。

14）在"声音"图层的上方新建图层"险峰"，在第390帧处插入关键帧，将库中的"险峰.jpg"拖动到390帧处，再将其转换为"险峰"图形元件。用任意变形工具缩放到合适的宽度，再在"险峰"图层第550帧处插入关键帧，将390帧的元件实例靠底放置，将550帧的元件实例靠顶放置。在580帧处插入关键帧，并将Alpha设置为"0"，分别在第390帧和550帧处创建传统补间。

15）在"险峰"图层的上面新建"险峰遮罩"图层，并在中间动画展示区域绘制一个黑色矩形。将"险峰遮罩"图层属性改为"遮罩层"，效果如图8-51所示。

16）在"诗文4"图层上方新建"诗文5"图层，在第581帧处插入关键帧，新建"诗文5"图形元件，输入对应文字。将"诗文5"元件拖动到"诗文5"图层第581帧处，并在第725帧处和第745帧处插入关键帧，第745帧的元件实例"Alpha"设置为"0"，在第

图 8-51 制作遮罩动画

725 帧处创建传统补间。

17）在"声音"图层的上方创建"木棉"图层，在第 581 帧处插入关键帧，将库中的"木棉．jpg"拖动到"木棉"图层的第 581 帧处，用任意变形工具并将图片缩放到合适大小再将其转换为"木棉"图形元件。在第 725 帧处和第 745 帧处插入关键帧，把第 745 帧的元件实例"Alpha"设置为"0"，在第 725 帧处创建传统补间。

18）从诗文"根，紧握在地下；"到"坚贞就在这里"的动画效果同以上诗文动画效果相同。

4. 测试动画效果

按组合键"Ctrl + Enter"测试影片，观看动画播放效果。

技能操作练习

打开模块七制作的"校园生活图片展"动画文件，为动画添加声音。具体要求如下：

1）为所有的按钮添加声音效果。（素材里已提供声音文件）

2）每个场景新建一个"声音"图层，将适合的声音文件添加到图层中，并设置相适应的属性。

模块九　发布与导出Flash影片

9

单元一　导出动画

任务一　创建"抛物线"动画并导出动画

本模块主要学习与掌握如何采取各种优化措施缩小 Flash 动画的大小，以缩短下载 Flash 影片的时间；在动画发布之前如何预览动画、测试影片在不同带宽下的下载状态；如何对 Flash 影片的发布文件格式、版本、影片压缩格式等进行设置；如何将 Flash 文件导出为所需的动画文件格式或静止图像格式。

> **知识目标**：了解优化影片、测试影片的下载性能、导出动画和图像的知识。
> **技能目标**：掌握抛物线动画的制作、影片下载性能测试，导出影片和图片操作技能。

任务描述

本项任务通过创建"抛物线"动画来巩固前面学习的引导层知识，重点学习如何把做好的影片进行影片优化、测试影片下载性能、显示影片中的对象及导出动画和图像，效果如图 9-1 所示。

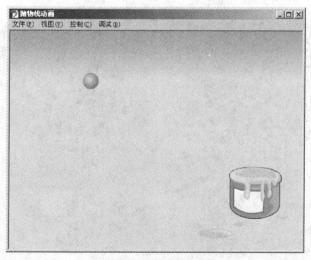

图 9-1　影片测试效果

任务分析

本项任务是利用"抛物线"动画实例的制作来掌握影片优化、测试、导出动画和图像等操作方法。

 相关知识

动画制作完毕后需要不断地测试，查找错误。而测试动画除了解决动画中存在的问题以外，还有一项重要的功能，那就是优化。优化后的影片体积较小，可以达到最佳的传播效果。通过测试影片可以找到动画中较大的文件对象，接着就可以对其进行优化。优化后的影片还可以通过测试模拟影片在不同网络环境下的下载速度，使用户知道观看这个动画可能需要的时间。

1. 测试影片

可以在两种环境下测试影片，一种为影片编辑环境，另一种为影片测试环境。打开"控制"菜单就会看到"测试影片"命令和"测试场景"命令，测试影片的快捷键是"Ctrl + Enter"，测试场景的快捷键为"Ctrl + Alt + Enter"，测试场景只是测试当前的场景，测试场景和测试影片都会在动画的". fla"文件相同的位置创建". swf"文件。

2. 优化影片

优化影片的最终目的是缩小文件的大小，确保它能流畅播放。因为无论影片如何出色，如果在播放的过程中发生多次间断，都会影响它的效果，所以对影片进行必要的优化是影片制作的最后步骤。

 **任务实施**

1. 创建"抛物线"动画

1）打开 Flash CS4 窗口，将舞台窗口的宽度设为"550"，高度设为"400"，单击"导入"→"导入到舞台"菜单命令，打开"导入"对话框，选择"素材"→"模块九"→"单元一"中的"背景 .jpg"图片文件，单击"导入"按钮，导入背景素材，如图 9-2 所示。

图 9-2　导入背景素材后的舞台效果

2）单击"插入"→"新建元件"菜单命令，打开"创建新元件"对话框，创建图形元件，名称为"小球"，如图9-3所示。

3）在图形元件窗口中绘制大小为"30像素×30像素"的小球，颜色可以自定义，为了让效果明显些，尽量采用和背景色区别大的颜色，小球中心点设在球心位置，如图9-4所示。

图9-3　创建图形元件　　　　　　　　　　图9-4　绘制小球

4）单击"场景1"，返回场景编辑窗口，在时间轴上单击"新建图层"按钮，新建一个图层命名为"小球"，选中"小球"图层右键单击，打开快捷菜单，选择"添加传统运动引导层"命令，为其添加运动引导层，如图9-5所示。

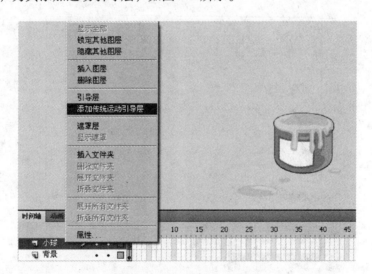

图9-5　添加传统运动引导层

5）选择引导层的第1帧，选择线条工具，在引导层内添加"抛物线"形状轨迹，让小球沿轨迹运动，恰巧掉入油桶中，如图9-6所示。

6）在"小球"图层的第1帧将"小球"图形元件拖拽到舞台，让小球吸附在"抛物线"形状轨迹的一端，如图9-7所示。

7）在"小球"图层第40帧处添加关键帧，在"引导层"图层和"背景"图层第40帧处添加普通帧，如图9-8所示。

8）在"小球"图层第40帧处把小球移到"抛物线"轨迹的右侧，并吸附在"抛物线"的右端，如图9-9所示。

9）为了加强小球掉入油桶中的效果，在"小球"图层第40帧处的"小球"图形元件

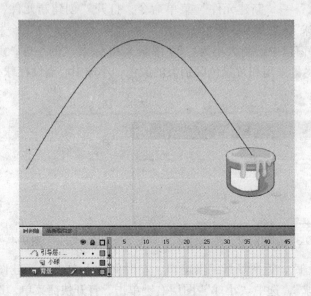

图 9-6　抛物线效果

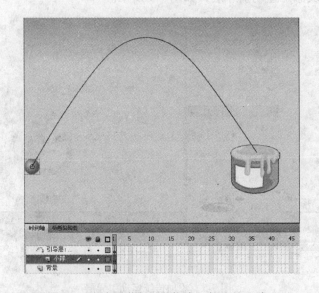

图 9-7　小球吸附在"抛物线"轨迹的一端

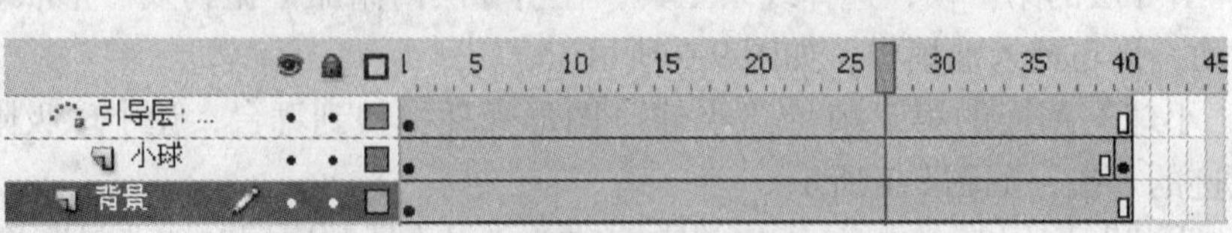

图 9-8　已插入关键帧的时间轴

属性样式中设定为 Alpha，值为"0"，如图 9-10、9-11 所示。

　　10）在"小球"图层第 1 帧，单击鼠标右键，打开快捷菜单，选择"创建传统补间"命令，如图 9-12 所示。

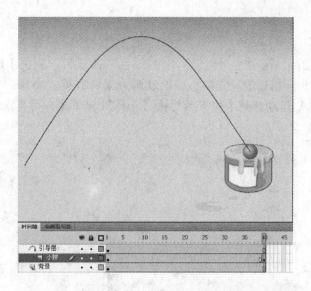

图 9-9　小球吸附在"抛物线"轨迹的右端

图 9-10　样式选择

图 9-11　设定 Alpha 值为"0"

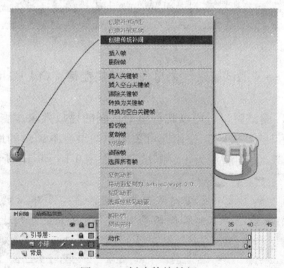

图 9-12　创建传统补间

2. 测试动画

方法一

在场景中测试动画，拖动"时间轴"上的红色"播放头"到第 1 帧的位置，按下键盘的"Enter"键，动画开始播放，观察小球的动画效果，看见"小球"匀速地在"抛物线"轨迹上运动，"小球"运动到某个位置后想让"小球"停下来，可再次按下键盘的"Enter"键，如图 9-13 所示。

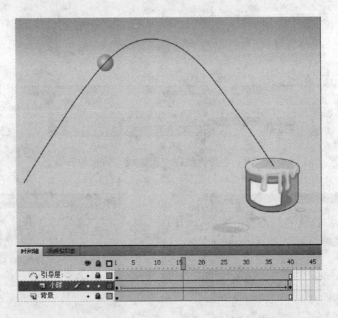

图 9-13　按下"Enter"键查看小球在第 16 帧的位置

 通过在场景中按下"Enter"键，可以观察"小球"的动画效果，这是一种常用测试效果的方法，但是如果结构比较复杂，如主时间轴上有影片剪辑对象，那么这样的测试方法就不能观察到动画的全部效果，必须通过下面的方法测试动画。

方法二

1）单击"控制"→"测试场景"菜单命令（快捷键"Ctrl + Alt + Enter"），如图 9-14 所示。

2）弹出（.SWF）测试窗口，可以观看整个动画的播放效果，测试动画效果是否满意。单击（.SWF）测试窗口的"关闭"按钮即可关闭。如果有不满意的地方可以继续回到场景对动画进行编辑和调试，直到满意为止。测试窗口如图 9-15、9-16 所示。

 通过在"控制"菜单下的测试场景，观察了"小球"的动画效果，仅能看到"场景 1"这个场景，看不到其他场景内容。但是如果结构比较复杂，分多个场景的动画，不能观察到动画的全部效果，必须通过下面的方法测试动画。

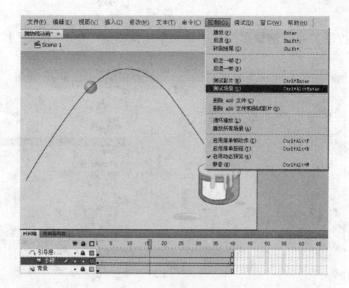

图 9-14 测试场景

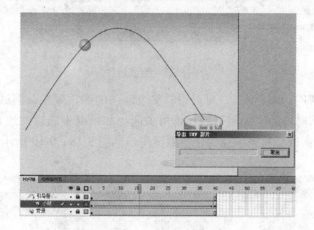

图 9-15 导出影片进度对话框

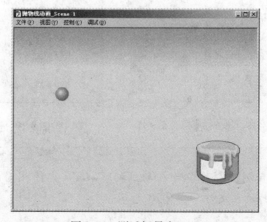

图 9-16 测试场景窗口

方法三

1）单击"控制"→"测试影片"菜单命令（快捷键"Ctrl + Enter"），如图 9-17 所示。

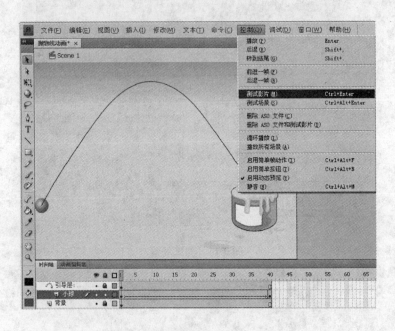

图 9-17　测试影片

2）弹出（.SWF）测试窗口，可以观看整个动画的播放效果，测试动画效果是否满意。单击（.SWF）测试窗口的"关闭"按钮即可关闭。如果有不满意的地方可以继续回到场景对动画进行编辑和调试，直到满意为止。测试窗口如图 9-18、9-19 所示。

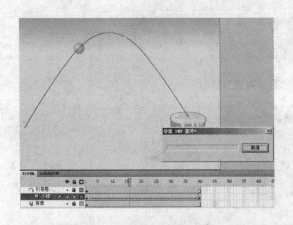

图 9-18　导出影片进度对话框

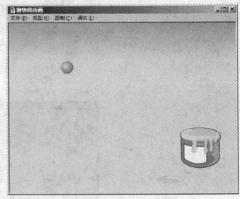

图 9-19　测试影片窗口

提示

测试场景和测试影片都会在动画的".fla"文件相同的位置创建".swf"文件，文件夹中的动画文件如图 9-20 所示。

3. 导出动画

1）导出影片，选择"文件"→"导出"→"导出影片"菜单命令，如图 9-21 所示。

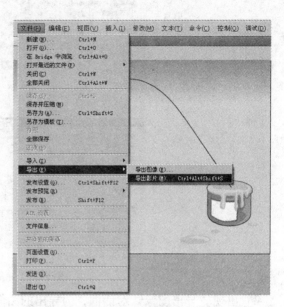

图 9-20 文件夹中的动画文件　　　　　　　　　　图 9-21 导出影片

2）出现"导出影片"对话框，为导出的电影命名，选择文件的保存类型，例如 Flash 影片（*.swf）、windows AVI（*.avi）、QuickTime（*.mov）、GIF 动画（*.gif），单击"保存"按钮，完成影片的导出，如图 9-22 所示。

图 9-22 "导出影片"对话框

4. 导出图像

1）选择"文件"→"导出"→"导出图像"菜单命令，如图 9-23 所示。

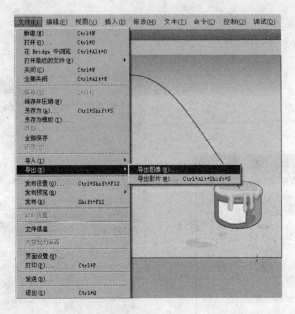

图 9-23 导出图像

2）出现"导出图像"对话框，为导出的图像命名，选择图像的保存类型后，单击"保存"按钮，如图 9-24 所示。

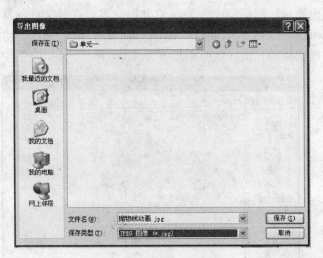

图 9-24 "导出图像"对话框

3）单击"保存"按钮，出现"导出 JPEG"对话框，如图 9-25 所示，可以根据需要对相应的值进行修改，如想要图像显示效果好一些，可以把品质值调的大一些，这里调为"100"，如图 9-26 所示。

4）单击"确定"按钮，完成导出图像，图像效果如图 9-27 所示。

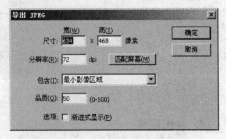

图 9-25 "导出 JPEG"对话框

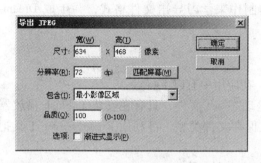

图 9-26　品质改为 100

图 9-27　导出的图像效果

提示

利用这种导出图像方式，导出前选中的是哪一帧导出时就是哪一帧的图像。

任务二　创建"新年快乐"动画并导出动画

知识目标：了解 Flash 导出文件格式，导出适合 Dreamweaver 插入的 Flash 影片格式。

技能目标：掌握"新年快乐"动画制作，导出适合 Dreamweaver 插入的 Flash 影片格式。

任务描述

新春佳节是我们中国人共同庆祝的节日，那一天张灯结彩，举国同庆。本项任务是制作"新年快乐"的动画效果，并利用这个动画来完成导出文件格式、导出适合 Dreamweaver 插入的 Flash 影片格式，效果如图 9-28 所示。

图 9-28　影片测试效果

任务分析

本项任务是利用"新年快乐"动画实例的制作来学习导出文件格式，并生成 Dreamweaver 识别格式的操作。

相关知识

在"导出影片"对话框中保存的文件格式，在应用中有以下特点：

1）Flash 影片（＊.swf）文件导出的文件是动态 swf 文件，只有在安装了 Flash 播放器的浏览器中才能播放，这也是 Flash 动画的默认保存文件类型，可利用 Dreamweaver 工具把".swf"文件插入到网页中，供上网者浏览。

2）WAV 音频（＊.wav）文件仅导出影片中的声音文件。

3）GIF 动画（＊.gif）文件保存影片中每一帧的信息组成一个庞大的动态 GIF 动画，此时可以将 Flash 理解为制作 GIF 动画的软件。

4）JPEG 序列（＊.jpg）文件将影片中每一帧的图像依次导出为多个"＊.jpg"文件。

任务实施

1. 创建"新年快乐"动画

1）打开 Flash CS4 窗口，利用"修改"→"文档"菜单命令，在"文档属性"对话框中，将舞台窗口的宽度设为"550"，高度设为"400"。

2）单击"文件"→"导入"→"导入到库"菜单命令，打开"导入到库"对话框，选择"素材"→"模块九"→"单元一"中的"背景 1.jpg"文件，单击"打开"按钮，将图片导入到库中。

3）在图层 1 将图片文件拖拽到场景中，并设置大小为宽"550"，高"400"，位置设置为"0, 0"，与舞台大小重合，把图层名称改为"背景"，并锁定图层，如图 9-29 所示。

图 9-29　"背景"图层

4）单击时间轴上的"新建图层"按钮，新建图层并改名为"文字 1"，单击"插入"→"新建元件"菜单命令，打开"创建新元件"对话框，设置如图 9-30 所示，单击"确定"按钮，进入元件编辑窗口。

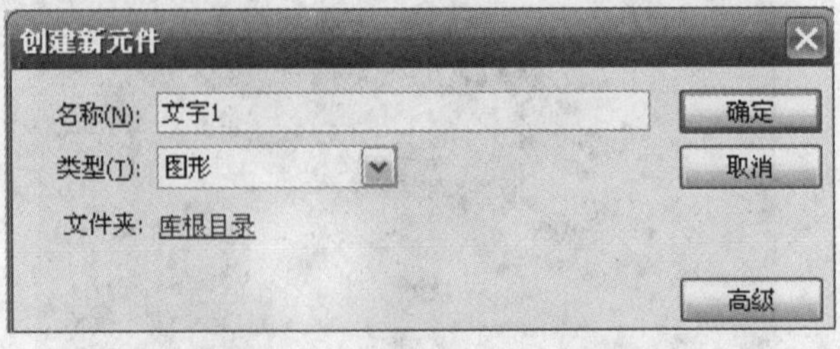

图 9-30　"创建新元件"对话框

5）选择"文本工具"，设置"字体"为"华文新魏"，"字号"为"40"，在编辑窗口单击，输入 H，效果如图9-31所示。

6）选择任意变形工具，选择文字 H，将中心调整到如图9-32所示的位置。

7）单击"窗口"→"变形"，打开"变形"面板，"旋转"设置为"20"，如图9-33所示，单击"重置选区和变形"按钮，复制文字，如图9-34所示。

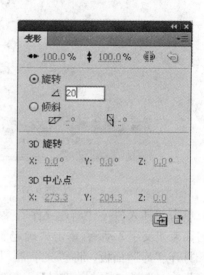

图9-31　输入文字　　图9-32　调整中心　　　　　图9-33　"变形"面板

8）将文字进行修改，并设置为不同的颜色，设置"Happy"颜色为"#330066"，"New"颜色为"#6600FF"，"Year"颜色为"#FF9900"，"To"颜色为"#CC0099"，"You!"颜色为"#660000"，效果如图9-35所示。

9）利用相同的方法，制作"文字2"图形元件，设置"字体"为"华文行楷"，"字号"为"40"，"颜色"为"蓝色"，效果如图9-36所示。

图9-34　复制文字　　　　　图9-35　地球自转　　　　图9-36　"文字2"文字设置

10）单击"插入"→"新建元件"菜单命令，打开"创建新元件"对话框，选择影片剪辑，名称为"文字1动"，单击"确定"按钮，进入元件编辑窗口。

11）打开"库"面板，将"文字1"图形元件拖拽到窗口中，选择第100帧右键单击，按F6键插入关键帧，右键单击图层面板的第1至99帧的任意一帧，选择"创建传统补间"，如图 9-37 所示。打开"属性"面板，单击"旋转"右侧的按钮，选择"顺时针"。完成"文字 1"旋转动画设置。

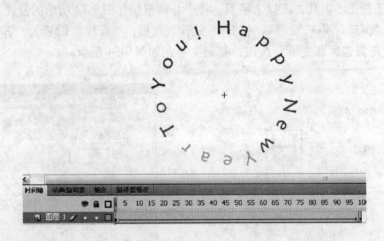

图 9-37　"文字 1"动画设置

12）单击"插入"→"新建元件"菜单命令，打开"创建新元件"对话框，选择影片剪辑，名称为"文字 2 动"，单击"确定"按钮，进入元件编辑窗口。

13）打开"库"面板，将"文字 2"图形元件拖拽到窗口中，选择第 60 帧右键单击，打开快捷菜单，选择"插入关键帧"，右键单击图层面板的第 1 至 59 帧的任意一帧，选择"创建传统补间"，效果如图 9-38 所示。打开"属性"面板，单击"旋转"右侧的按钮，选择"逆时针"。完成文字旋转动画设置。

图 9-38　"文字 2"动画设置

14）转到"场景 1"，打开"库"面板，将"文字 1 动"影片剪辑拖拽到"文字 1"图层的第 1 帧中，调整大小，效果如图 9-39 所示。

15）单击"新建图层"按钮，新建一个图层，命名为"文字 2"，打开"库"面板，将"文字 2 动"影片剪辑拖拽到"文字 2"图层的第 1 帧中，调整大小并倾斜，效果如图 9-40 所示。

16）按"Ctrl + Enter"键，测试动画。

图 9-39　"文字 1"位置设置

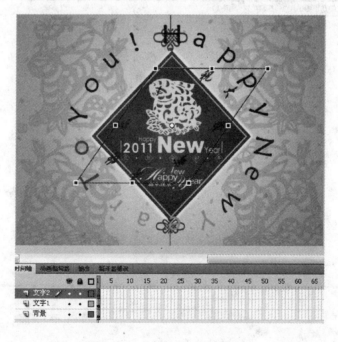

图 9-40　"文字 2"位置设置

2. 导出影片

Flash 动画文件（.swf）是 Flash（.fla）文件的压缩版本，进行了优化处理，适合在网页中使用，可在 Dreamweaver 中进行插入。

1）单击"文件"→"导出"→"导出影片"菜单命令，导出影片。

2）打开"导出影片"对话框，在保存类型中选择 SWF 影片格式，然后单击"保存"

按钮，保存为适合 Dreamweaver 插入的格式。

单元二　发布动画

任务一　创建"冉冉升起的红旗"动画并发布动画

> **知识目标：** 掌握动画的发布及发布预览。
> **技能目标：** 熟练掌握动画制作、发布动画、发布预览的操作技能。

任务描述

"冉冉升起的红旗"动画综合利用形状补间、动作补间、引导路径、遮罩等多种动画形式，模拟制作出红旗飘动的效果。然后利用已做好的动画学习发布动画、发布预览，效果如图 9-41 所示。

图 9-41　动画效果

任务分析

此项任务制作"冉冉升起的红旗"动画效果，利用发布设置生成影片需要的输出格式，发布预览观看影片效果。

相关知识

1. 发布设置特点

发布设置可以将 Flash 影片发布成多种格式且可以拥有不同的名字，在发布之前需进行必要的发布设置，定义发布的格式以及相应的设置，以达到最佳效果。

2. 发布动画步骤

1）选择"文件"→"发布设置"菜单命令，打开如图9-42所示的"发布设置"对话框。

2）在"发布设置"对话框的"格式"选项卡中设置将要发布的动画支持的格式。

3）选择相应的选项卡，如"Flash"选项卡，如图9-43所示，对其中的选项进行设置。

4）单击"发布设置"对话框中的"确定"按钮，完成发布设置；或者直接单击"发布"按钮，即可将动画发布。

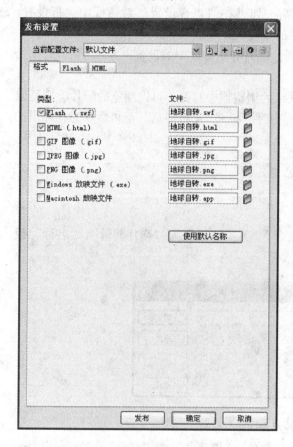

图9-42 "发布设置"对话框

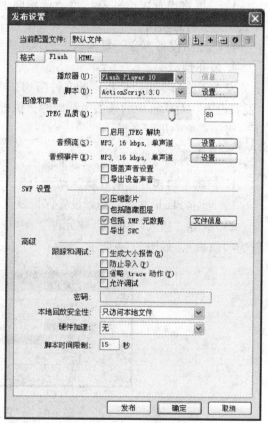

图9-43 "Flash"选项卡

3. 参数设置

（1）播放器 设置观看影片时需要的最低版本。

（2）脚本 设置观看或执行影片交互式动作时需要的动作脚本版本。

（3）跟踪与调试

1）"生成大小报告"复选框：选择此项后，在发布影片后会自动创建一个文本文件，其中包括影片中各帧的大小、字体以及导入的文件等信息。这个文件与影片文件同名，被保存在影片所在的文件夹中。

2）"防止导入"复选框：选择此项后，防止导出的影片被导入 Flash 进行编辑，可以设置密码，只有知道密码才可以导入影片进行编辑。

3）"省略 trace 动作"复选框：选择此项后，删除导出影片中的跟踪动作，防止别人查看文件源代码。

4）"允许调试"复选框：选择此项后，允许调试 HTML 文件中 SWF 文件。

（4）SWF 设置 "压缩影片"复选框：可以压缩含有大量脚本和文件的 SWF 文件。

（5）图像和声音

1）JPEG 品质：设置影片中所有 JPEG 文件的压缩率。

2）音频流和音频事件：设置影片中所有数据流声音与事件声音的压缩率。单击它们后面的"设置"按钮，在弹出的"声音设置"对话框中进行设置。

3）"覆盖声音设备"复选框：选择此项后，如果在"声音设置"对话框中进行设置。那么该选项将忽略所有在音频流和音频事件中的设置。

4）"导出设备声音"复选框：选择此项后，同时导出影片中的设备声音。

4. 发布预览

发布预览命令可以使指定的文件格式在默认的浏览器中打开，可以预览的影片类型是以"发布设置"对话框中的选项为基础的，执行"文件"→"发布预览"菜单命令，在弹出的下一级子菜单中进行选择。

任务实施

1. 创建"冉冉升起的红旗"动画

1）创建 Flash 文档，场景设置保持默认。

2）单击"插入"→"新建元件"菜单命令，"类型"设置为"影片剪辑"，"名称"设置为"旗帜"，如图 9-44 所示。

图 9-44 "创建新元件"对话框

3）在"旗帜"元件中，用矩形工具绘制无笔触色，"填充色"为"红色"，"宽、高比例"为"1:1.5"的矩形，数值如图 9-45 所示，并用选择工具将该矩形调成如图 9-46 所示形状。

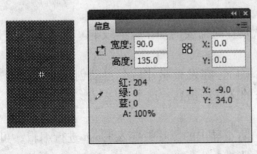

图 9-45 设置矩形数值

图 9-46 调整形状

4）复制该图形，并单击"修改"→"变形"→"垂直反转"菜单命令，置于原图形右侧，如图 9-47 所示。

5）复制图 9-47，并通过"对齐"面板将其水平对齐和垂直对齐，如图 9-48 所示。

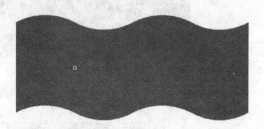

图 9-47 复制后效果　　　　　　　　　图 9-48 再次复制并对齐

6）选择墨水瓶工具，笔触颜色任意，在该图形边缘单击一下添加边框，如图 9-49 所示，将红色区域移出，只留黑色边框如图 9-50 所示，将边框两边及底部的线条删除，只留下顶端线条，作为红旗运动轨迹，如图 9-51 所示。

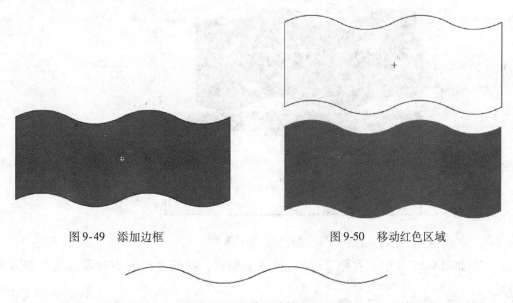

图 9-49 添加边框　　　　　　　　　图 9-50 移动红色区域

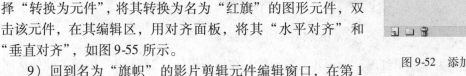

图 9-51 红旗运动轨迹

7）添加引导层，如图 9-52 所示，选中上边的边线，右键剪切，粘贴到引导层，如图 9-53 所示。在引导层第 20 帧处插入帧，如图 9-54 所示。

8）选中"图层 1"的图形，单击右键，在快捷菜单中选择"转换为元件"，将其转换为名为"红旗"的图形元件，双击该元件，在其编辑区，用对齐面板，将其"水平对齐"和"垂直对齐"，如图 9-55 所示。

图 9-52 添加引导层

9）回到名为"旗帜"的影片剪辑元件编辑窗口，在第 1 帧处用任意变形工具将中心点移至元件的中心处，并将该图形元件的中心点吸附到引导线

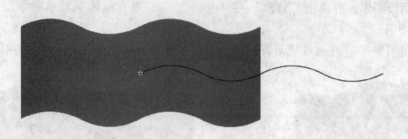

图 9-53　剪切上边线，粘贴到引导层

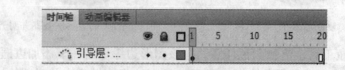

图 9-54　在引导层第 20 帧处插入帧

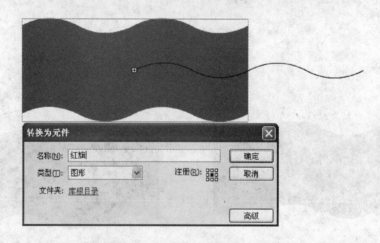

图 9-55　转换为元件

上，效果如图 9-56 所示，在第 20 帧处插入关键帧，将其水平向右移动，效果如图 9-57 所示。

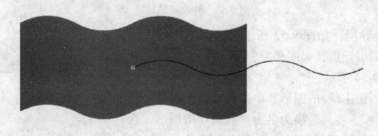

图 9-56　第 1 帧处效果

　　10）创建名为"遮罩红旗"的影片剪辑元件，在该编辑区，"图层 1"的第 1 帧处从库中拖出名为"旗帜"的影片剪辑元件，用对齐面板将其左对齐和上对齐，第 40 帧处添加普通帧，效果如图 9-58 所示。

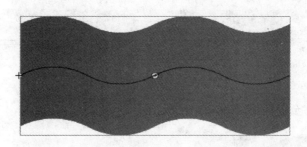

图 9-57　第 20 帧处效果

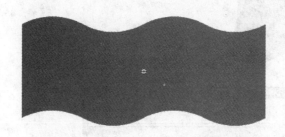

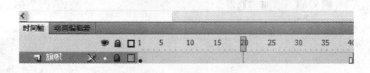

图 9-58　添加普通帧效果

11）插入"图层 2"，用矩形工具绘制一个无笔触色，填充颜色任意，宽是旗帜元件的二分之一，高度高于"旗帜"元件的矩形，置于如图 9-59 所示的位置。

12）第 1 帧处用选择工具将该矩形形状做些改变，如图 9-60 所示。

图 9-59　添加后效果

图 9-60　改变矩形形状

13）在第 20 帧和第 40 帧处插入关键帧，并在第 20 帧处再次调整矩形形状，如图 9-61 所示。

14）选中"图层 2"，在属性中创建形状补间动画，如图 9-62 所示，并右键单击"图层 2"，选择"遮罩层"，如图 9-63 所示。

15）回到"场景 1"，绘制一根旗杆，如图 9-64 所示，在第一帧处从库中拖出影片剪辑元件"遮罩红旗"，置于旗杆下方，如图 9-65 所示，在第 20 帧处将

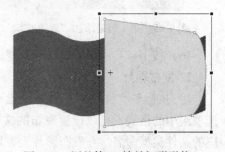

图 9-61　调整第 20 帧处矩形形状

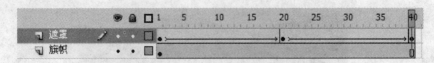

图 9-62　创建形状补间动画

"遮罩红旗"元件移至旗杆顶端，如图 9-66 所示。

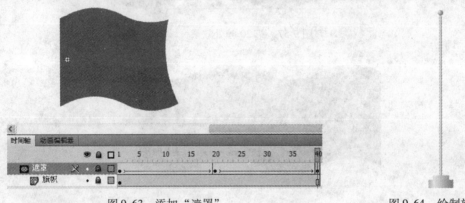

图 9-63　添加"遮罩"　　　　　　　　　　　　　图 9-64　绘制旗杆

图 9-65　第 1 帧处添加"遮罩红旗"元件　　　　图 9-66　第 20 帧处添加"遮罩红旗"元件

16）按下"Ctrl + Enter"键，测试影片。

2. 发布影片

1）执行"文件"→"发布设置"菜单命令，打开"发布设置"对话框，勾选"类型"选项组中的格式，可以设置发布的文件类型，在"文件"下面的文本框中输入名称，为相应的文件类型命名。在发布影片后，以一个影片为基础，可以得到不同类型、不同名字的文件。单击"确定"按钮保留设置，关闭"发布设置"对话框；单击"取消"按钮不保留设置，关闭"发布设置"对话框；单击"发布"按钮，立即使用当前设置发布的指定格式的影片，如图9-67所示。

2）单击"Flash"选项卡，根据需要对 Flash（.swf）进行设置，如图9-68所示。

图9-67　"发布设置"对话框

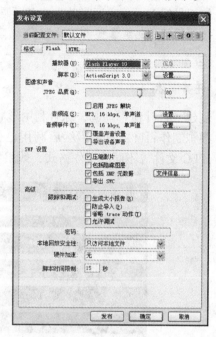

图9-68　"Flash"选项卡

3）单击"发布设置"对话框中的"确定"按钮，完成发布设置；或者直接单击"发布"按钮，发布动画，如图9-69所示。文件直接保存到文件夹中。

4）发布预览，单击"确定"按钮，单击"文件"→"发布预览"→"Flash"菜单命令，如图9-70所示。

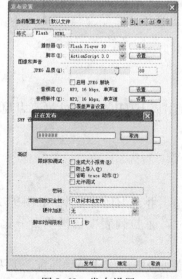

图9-69　发布设置

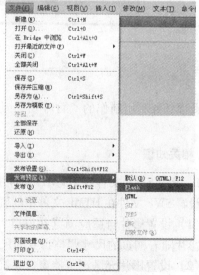

图9-70　发布预览

任务二 创建"百叶窗"动画并发布动画

> **知识目标：**了解动画影片发布的不同文件格式。
> **技能目标：**熟练掌握"百叶窗"动画制作、影片不同文件格式的发布等操作技能。

任务描述

创建"百叶窗"动画，综合利用形状补间、动作补间、引导路径、遮罩等多种动画形式，模拟制作百叶窗效果。然后利用已做好的动画，学习发布 HTML、GIF 文件、PNG 文件、JPEG 文件等不同的文件格式，效果如图 9-71 所示。

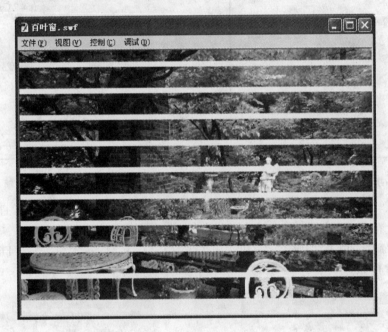

图 9-71 百叶窗动画效果

任务分析

此项任务利用制作的"百叶窗"动画，发布设置生成 HTML、GIF、PNG、JPEG 格式文件。

相关知识

1. 设置 SWF 文件在 HTML 文件中的属性

设置 SWF 文件在 HTML 文件中的属性，使导出的影片生成 HTML 文件，如图 9-72 所示。

（1）设置影片自适应浏览器窗口大小 在"尺寸"下拉列表中选择"百分比"选项，此时影片随着网页的尺寸调整自身的尺寸。

（2）设置影片充满浏览器窗口 在"缩放"下拉列表中选择"精确匹配"选项，此时影片无论网页窗口大小，均自动充满整个浏览器窗口。

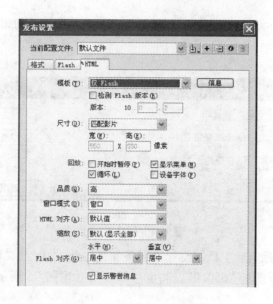

图 9-72　"HTML"选项卡

2. 将影片发布成其他文件格式

如果想将影片发布成其他文件格式，首先要在"发布设置"对话框中的"格式"选项卡中选中其他文件类型，接着出现相应文件的选项卡，才能对其进行发布设置。

任务实施

1. 创建"百叶窗"动画

1）新建 Flash 文档，把舞台设置为宽"550"，高"400"。单击"文件"→"导入到舞台"菜单命令，打开"导入到舞台"对话框，选择"素材"→"模块九"→"单元二"中的"背景 1. jpg"图片文件，单击"打开"按钮，将图片导入到舞台，使它覆盖整个舞台，如图 9-73 所示。

图 9-73　导入素材

2）单击"插入"→"新建元件"菜单命令，新建一个影片剪辑，命名为"线条一"如图 9-74 所示。

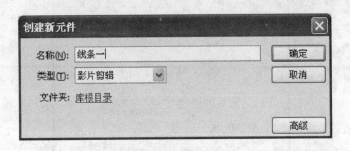

图 9-74　创建新元件

3）在第 1 帧，选择矩形工具，设置"线条颜色"为"无"，"填充颜色"为"黑色"，画一个矩形，大小设为宽度"550.0"，高度"40.0"，如图 9-75 所示。

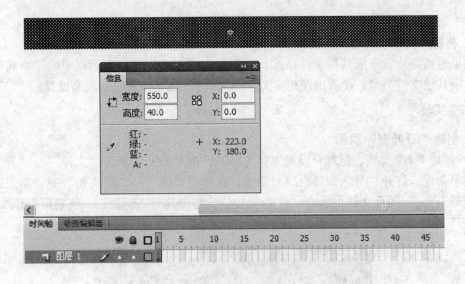

图 9-75　绘制矩形

4）在第 15 帧，按 F6 键插入关键帧，回到第 1 帧，选中矩形，在信息面板中把矩形的高度设为"10"，效果如图 9-76、图 9-77 所示。

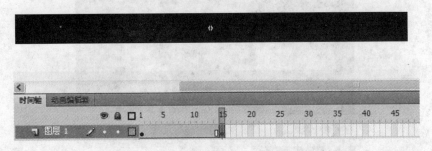

图 9-76　第 15 帧处效果

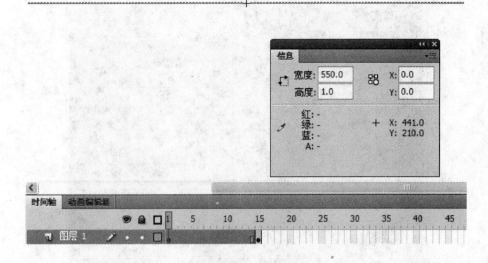

图 9-77　第 1 帧处效果

5）选中第 1 帧，添加补间形状，如图 9-78 所示

6）新建影片剪辑元件，命名为"线条二"，把"线条一"拖拽到"线条二"中，与舞台大小相当，这里需要十个"线条一"元件，调整好位置，如图 9-79 所示。

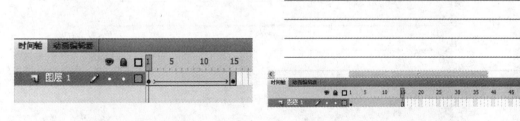

图 9-78　添加补间形状　　　　　　　　图 9-79　"线条二"效果

7）回到"场景 1"中，新建"图层 2"，把"线条二"影片剪辑拖拽到"图层 2"中，如图 9-80 所示。

8）右键单击"图层 2"，选择"遮罩层"，把"图层 2"设为遮罩层，如图 9-81 所示。

9）按"Ctrl + Enter"键测试影片，如图 9-82 所示。

2. 发布设置

在"发布设置"对话框中，可以一次性发布多个格式，且每种格式均保存为指定的发布格式，并拥有不同的名字。

图 9-80 "场景 1" 效果图

图 9-81 把 "图层 2" 设为遮罩层

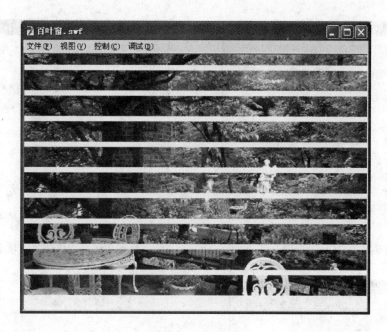

图 9-82　测试影片

1）发布设置可以同时选择多个选项，有几个选项就会出现几个选项卡，这里勾选 Flash、HTML、GIF 图像、JPEG 图像、PNG 图像选项，出现相应的选项卡，如图 9-83 所示。

2）根据需要设置各选项卡，如图 9-84~图 9-87 所示。

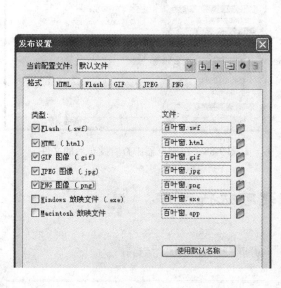

图 9-83　"发布设置"对话框 　　　　　　　　　　图 9-84　"HTML"选项卡

3）单击"发布"按钮，勾选的所有文件格式都出现在文件夹里，如图 9-88 所示。

图 9-85　"GIF"选项卡

图 9-86　"JPEG"选项卡

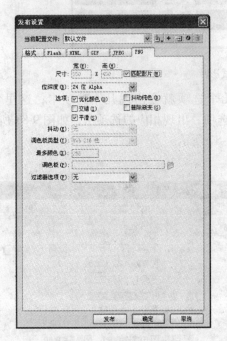

图 9-87　"PNG"选项卡

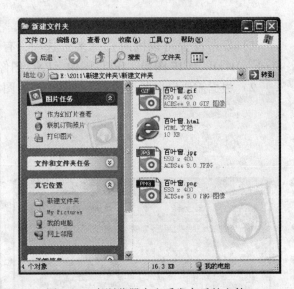

图 9-88　在浏览器中查看发布后的文件

单元三　创建可执行程序

任务一　创建"放大镜"动画并创建可执行程序

知识目标：掌握利用动画创建可执行程序的方法。

技能目标：熟练掌握"放大镜"动画制作、利用 flash 创建可执行程序的操作技能。

任务描述

大家对放大镜并不陌生，一些人看书或做实验都会用到放大镜，它给人们的学习和生活都带来了很大的方便。本项任务就是用放大镜看图片，演示图片被放大的效果，如图 9-89 所示。利用实例掌握遮罩的使用原理，并利用完成的动画创建可执行程序，可执行程序不受机器是否安装播放软件的限制。

图 9-89　放大镜动画

任务分析

本项任务的实例是遮罩动画的一个典范，先制作"放大镜"动画效果，然后通过发布设置创建可执行程序。

相关知识

创建可执行程序

单独播放 SWF 格式的动画文件时需要使用 Flash Player 播放器，如果本台机器没有安装这个播放器，将无法看到动画作品。在"发布设置"对话框的"格式"选项卡中，选中"Windows 放映文件"复选框，Flash 将导出一个能在 Windows 和 Macintosh 系统中运行的可执行程序（.exe）。这样，用户即使没有安装 Flash Player 播放器，也能欣赏 Flash 动画作品。

除了此方法外，还可以在使用 Flash Player 播放器播放动画时，单击"文件"→"创建播放器"命令，也可以为 Flash 动画创建一个可执行程序，具体操作步骤如下：

1）用 Flash Player 播放器打开一个动画文件。

2）单击"文件"→"创建播放器"命令，打开"另存为"对话框，如图 9-90 所示。

3）在该对话框的"文件名"下拉列表框中为可执行程序指定一个名称，然后单击"保存"按钮，即可为动画创建一个可执行程序。

图 9-90　"另存为"对话框

 任务实施

1. 创建"放大镜"动画

1）新建一个 Flash 文档，"背影颜色"设为"白色"（#FFFFFF），其他参数不变。

2）选择"插入"→"新建元件"菜单命令，建立图形元件，命名为"放大镜"，选择椭圆工具绘制正圆形作为放大镜的镜片。透明（Alpha）值调为"24"（不能完全透明），这样才有真实感，如图 9-91 所示。

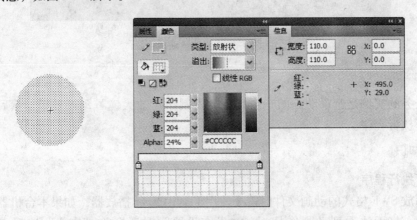

图 9-91　颜色调节器

3）单击墨水瓶工具 ，为圆形添加边框作为放大镜镜片的外框，"笔触颜色"为"#CCCCCC"，"笔触高度"为"8"，如图 9-92 所示。

4）用矩形工具和椭圆工具绘制手柄，如图 9-93 所示。

5）单击"场景 1"切换到场景编辑窗口，单击"导入"→"导入到舞台"菜单命令，打开"导入到舞台"对话框，选择"素材"→"模块九"→"单元三"中的"背景 2. jpg"图片文件，导入素材图片到场景中，按"Ctrl + F8"键将图片转换为元件，命名为"图片"元件，如图 9-94 所示。

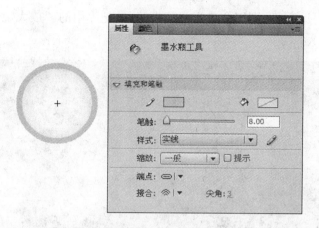

图 9-92　绘制放大镜镜片的外框

图 9-93　绘制放大镜手柄

图 9-94　转换为元件

6）双击"图层1"将其改名为"大图"，然后在"大图"下新建一图层，命名为"小图"，为了效果更好，把"小图"图层的图片按比例缩小，"大图"图层中的图片不变，如图 9-95 所示。

图 9-95　缩小后图片效果

7）在"大图"上新建一图层命名为"放大镜"，把库中的"放大镜"拖到工作区域的左侧，如图 9-96 所示。

图 9-96　放大镜位置

8）在第 20 帧处单击鼠标右键，在弹出的快捷菜单中选择插入关键帧，把"放大镜"向右移动一段距离，时间轴中的其他图层关键帧设置情况如图 9-97 所示。

图 9-97　放大镜 20 帧处的设置

9）在"放大镜"图层，第1帧处创建传统补间动画，如图9-98所示。

10）新建图层命名为"大图遮罩"图层，并设定为遮罩图层，如图9-99所示。

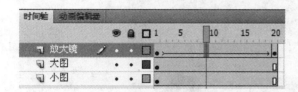

图9-98 创建传统补间动画

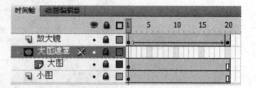

图9-99 添加遮罩图层

11）在"大图遮罩"图层中绘制一正圆，正圆大小与放大镜的镜片大小一致，位置与"放大镜"图层中的放大镜位置一致，如图9-100、图9-101所示。

图9-100 "大图遮罩图层"第1帧的位置

12）选择"大图遮罩"图层，右键单击第1帧创建补间形状，如图9-102所示。

13）将帧频设置为"10"，按组合键"Ctrl + Enter"测试影片，观看动画播放效果。

2. 创建可执行文件

1）单击"文件"→"发布设置"菜单命令，打开"发布设置"对话框，勾选windows放映文件（.exe），单击"发布"按钮生成可执行程序。

2）双击可执行文件，查看效果。

图 9-101   "大图遮罩图层" 第 20 帧的位置

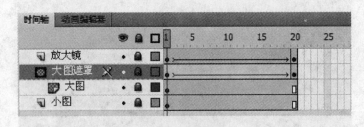

图 9-102   创建补间形状

任务二   创建 "卷轴动态广告" 动画并创建可执行程序

知识目标：掌握利用动画创建可执行程序的方法。

技能目标：掌握 "卷轴动态广告" 动画制作、利用 Flash 创建可执行程序的操作技能。

任务描述

本项任务利用 "卷轴动态广告" 动画的制作来创建可执行程序，此文件不受机器是否安装播放软件的限制，效果如图 9-103 所示。

任务分析

本项任务首先制作 "卷轴动态广告" 动画，然后将该动画通过发布设置创建可执行程序。

图 9-103 "卷轴动态广告"动画效果图

任务实施

1. 创建"卷轴动态广告"动画

1）新建 Flash 文档，选择"修改"→"文档属性"菜单命令，打开"文档属性"对话框，设置宽为"600"，高为"300"。

2）把"图层 1"命名为"背景"，绘制长方形作为画卷背景，如图 9-104 所示。

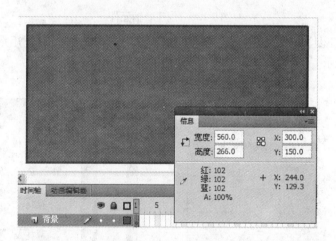

图 9-104 绘制画卷背景

3）按"Ctrl + R"键打开"导入"对话框，选择"素材"→"模块九"→"单元三"中的"卷轴图片 . jpg"图片，导入图片到舞台，放在背景中心位置，如图 9-105 所示。

4）单击"插入"→"新建元件"菜单命令，打开"创建新元件"对话框，设置名称为"卷轴"，类型为"图形"，单击"确定"按钮，如图 9-106 所示。

5）在卷轴元件编辑窗口中，用矩形工具画一个细长的矩形，在颜色面板中将"填充"设为"线性渐变"，两端色块颜色为"#A1A1A1"，中间为"白色"，如图 9-107 所示。

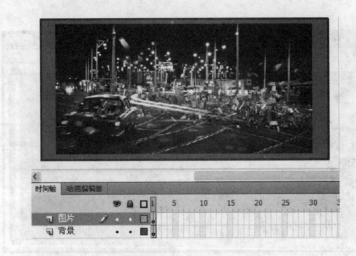

图 9-105　导入素材

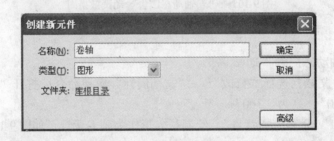

图 9-106　创建卷轴元件

6）再用矩形工具画一个红色渐变的细长矩形，用选择工具将红色矩形的两端调整成弧形，如图 9-108 所示。

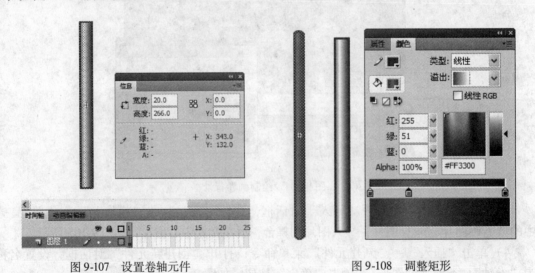

图 9-107　设置卷轴元件　　　　　　　　　　图 9-108　调整矩形

7）将两个矩形放在一起并居中对齐，如图 9-109 所示。

8）回到场景中，新建两个图层，分别命名为"卷轴 1"、"卷轴 2"，将它们并排放在图画的一端，如图 9-110 所示。

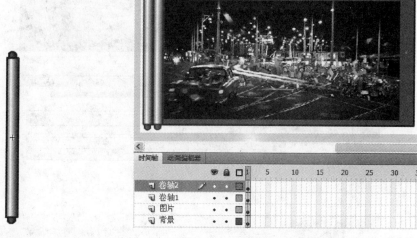

图 9-109　两个矩形放在一起　　　　　　　图 9-110　放好卷轴

9）新建图层命名为"遮罩"，用矩形工具画一个白色的大矩形，矩形要盖住下面的图画。第 1 帧将矩形放在图层最左边，如图 9-111 所示。

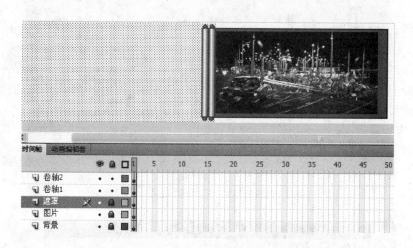

图 9-111　第 1 帧将矩形放在最图层左边

10）将"遮罩"图层设定为遮罩层，在第 50 帧处，为各图层分别添加关键帧和普通帧。为"卷轴 2"、"遮罩"图层添加动画效果，第 1 帧效果如图 9-112 所示。

11）第 50 帧处效果如图 9-113 所示。

12）按组合键"Ctrl + Enter"测试影片，观看动画播放效果，如图 9-114 所示。

2. 创建可执行文件

1）单击"文件"→"发布设置"菜单命令，勾选 windows 放映文件（.exe），单击"发布"按钮，生成可执行程序。

2）双击可执行文件，查看效果。

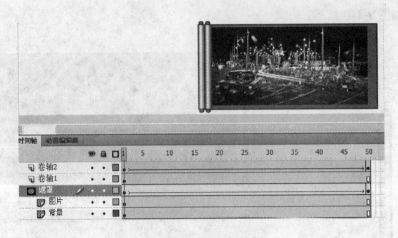

图 9-112　第 1 帧效果

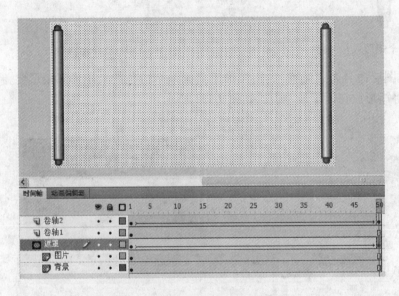

图 9-113　第 50 帧效果

图 9-114　卷轴效果

技能操作练习

打开模块八制作的"校园生活图片展"动画文件，导出和发布文件。具体要求如下：

1）测试影片，并导出影片。

2）发布动画，格式为". gif "、". html"、". swf "文件。

3）创建可执行程序。

参 考 文 献

[1] 陆莹. 二维动画制作 Flash8.0［M］. 2 版. 上海：华东师范大学出版社，2010.

[2] 王兵华. Flash 动画设计实例教程［M］. 北京：中国铁道出版社，2008.

[3] 导向科技. 中文版 Flash 8 动画制作培训教程［M］. 北京：人民邮电出版社，2006.

[4] 方其桂. Flash MX 课件制作方法与技巧［M］. 北京：人民邮电出版社，2003.

[5] 范沙浪，秦红霞. 计算机动画制作 Flash 应用基础与案例［M］. 上海：上海科学普及出版社，2005.

[6] 马谧挺. 闪魂：Flash CS4 完美入门与实例精讲［M］. 北京：清华大学出版社，2009.